高效学习的 40种超级记忆法

赵宽　李连芬　著

中国纺织出版社有限公司

内 容 提 要

这是一本将记忆法与实际相结合，用通俗易懂的语言将各种学习中用到的记忆法“简单化”的图书。作者是记忆法专家赵宽和世界记忆大师李连芬，他们将各自擅长的理论知识和教学经验相整合，提出了一系列高效学习的具体方法。本书首先从心理学、脑科学等相关理论出发，简要介绍了记忆和大脑的理论知识。其次，详细讲解了复述、组织、精细加工三大策略，在此基础上延展出涵盖不同领域的40种实用记忆方法。其中包括中学学科知识、职业证书、专业领域知识，完全贴合现代学生和职场人士的记忆需求。

图书在版编目（CIP）数据

高效学习的40种超级记忆法／赵宽，李连芬著．--北京：中国纺织出版社有限公司，2021.8
ISBN 978-7-5180-8577-4

Ⅰ．①高… Ⅱ．①赵… ②李… Ⅲ．①记忆术 Ⅳ．①B842.3

中国版本图书馆CIP数据核字（2021）第098208号

责任编辑：郝珊珊　　责任校对：高　涵　　责任印制：储志伟

中国纺织出版社有限公司出版发行
地址：北京市朝阳区百子湾东里A407号楼　邮政编码：100124
销售电话：010—67004422　传真：010—87155801
http://www.c-textilep.com
中国纺织出版社天猫旗舰店
官方微博 http://weibo.com/2119887771
天津千鹤文化传播有限公司　各地新华书店经销
2021年8月第1版第1次印刷
开本：710×1000　1/16　印张：11　彩插：4
字数：162千字　定价：48.00元

凡购本书，如有缺页、倒页、脱页，由本社图书营销中心调换

前言

你是否也曾经抱怨过自己的记忆力不好？是否也为《最强大脑》节目中博闻强识的选手们感到惊奇？事实上那些常人眼中的记忆天才也只不过是掌握了其中的技巧并运用了适当的记忆方法。

记忆作为我们认知过程的一个阶段，直接影响着我们的学习能力。英国著名哲学家培根曾经说过："一切知识只不过是记忆"。不论是在学习还是日常生活中，记忆的重要性都不言而喻。记忆是积累一切知识经验的基础，拥有强大的记忆力是提高学习效率的必要前提。

学习和记忆联系紧密，不可分割。有了强大的记忆力，就能唤醒我们身上巨大的潜能并取得非凡的成功。学会超级记忆法不仅能充分激发大脑的潜能，还能带给我们更多的自信和勇气。事实上，我接触的很多人在刚开始学习记忆法时，觉得自己记忆力并不突出，最后他们都掌握了多种记忆方法并能很好地应用于学习和生活中。记忆法的训练可以带给你强大的自信。这里引用我的一位朋友——世界特级记忆大师邹璐建说过的一句话激励大家："其实有的时候不是我们做不到，而是我们不相信自己能做到。"

本书注重记忆法的实用性，从遗忘学的角度出发引出三大记忆策略——复述策略、组织策略、精细加工策略。并在此基础上衍生出了40种满足各个领域和学科所需的高效记忆法。这是我在研究了多达上百种方法后总结并提炼出的一套记忆法体系。这里还要特别感谢世界记忆大师李连芬对本书的修改和补充、世界思维导图锦标赛（知乎赛区）总冠军付松婷对本书的支持。

相信通过对记忆方法的系统化讲解加上持续的练习，您可以拓宽记忆思路并高效处理各种纷繁复杂的信息。相信每个人都能练就令人羡慕的超级记忆力！

赵宽

2021年1月

目录

第一章 记忆是可以锻炼的

第一节　探索记忆的奥秘

一、什么是记忆

记忆是人们学习、工作和生活的基本机能。学习和记忆密不可分，我们能够学会一个技能、掌握一项本领都离不开记忆。因此想要达到高效学习，先从认识记忆开始。

记忆是指过去的知识经验在头脑中再现的过程，是与各种高级心理活动密切联系着的。记忆可分为识记、保持、再认三个阶段。识记是指通过对事物的特征进行区分、认识并在头脑中留下一定印象的过程。相当于记忆中“记”的阶段。有些强烈的刺激经过一次感知便可识记下来，而大部分的信息则需要多次感知才可识记下来。识记作为记忆过程的第一环节将直接决定记忆的保持和再认。

保持是把感知过的事物、体验到的情感等以一定的形式保持在人的头脑中，保持过程其实是对识记内容的一种强化。我们熟知的瞬时记忆、短时记忆和长时记忆的分类就是以保持时间的长短为依据的。

再认指的是借助外部手段的提示在大脑中提取信息的过程。比如考试中的选择题就是考查记忆的再认，心理学的实验大部分也是以再认的准确率体现的。而简答题或论述题就考查记忆的回忆。回忆指的是不需要借助外界参考，在大脑中独自提取信息的过程。通常情况下，回忆比再认更有难度。这也是为什么很多同学认为选择题比简答题或者论述题简单的原因。

记忆过程中的识记、保持、再认是相互联系、相互制约的，三个环节缺一不可。识记是保持的前提，没有保持也就没有回忆和再认，回忆和再认又是检验识记和保持效果好坏的指标。从记忆的过程我们可以初步认识到：一种科学的记忆方法能够使我们更快地识记、更久地保持和更准确地提取，这也诠释了记忆法能够提升学习效率的道理。

二、衡量记忆的标准

一个人的记忆有好坏、强弱之分。有的人能在短时间内记住大量信息，而同样的信息有的人则需要很长时间才能记住。那么该如何评判一个人的记忆能力呢？

衡量一个人记忆的好坏有四个标准：敏捷性、持久性、正确性、备用性。

记忆的敏捷性体现在记忆的速度快慢，是描述记忆速度方面的特征。例如在世界记忆锦标赛中，一个掌握了数字记忆法的人可以在5分钟内记住600个无规律的数字。记忆的敏捷性与人的暂时性神经联系形成的速度有关，编码转化的速度和联想的快慢等因素都会影响记忆的敏捷性。后面我们会详细介绍如何进行高效的编码以及快速联想等内容。

记忆的持久性指记忆在头脑中保持时间长短的特征。例如有人记忆的信息可以保持很多天，甚至多年不忘。我们耳熟能详的成语“过目不忘”主要指的就是记忆的持久性，记忆的持久性与暂时性神经联系的牢固程度有关。如果一个人的记忆具有持久性便可以节约大量复习时间，极大提升学习效率，而记忆法中的多种原理则可以帮助我们减缓遗忘的过程，进而提高记忆

的持久性。

正确性是衡量记忆好坏的核心标准，也就是我们常说的“不仅记得快更要记得准”。如果一个人记住的东西都是错误的，那么即使记得再多也没有作用，而且会在生活中带来诸多不便。

记忆的备用性是指根据自身需要在记忆中随时提取信息。学过记忆法的人就知道如何建立起信息之间的联系，并快速找到线索，提取出来。就如同超市的货架一样安排得合理有序，这样才能有助于我们快速想起学过的知识。

在以上的四个方面中，不能脱离某一方面单独对一个人的记忆进行评判，只有满足上述四个标准的记忆才能被称为“好的记忆”。此外，几乎没有任何一个人的记忆力在各个领域都趋向完美。每个人记忆的快慢、准确、牢固程度，可以随记忆的目的、任务、对记忆采取的态度和方法不同而有所差异。例如画家更擅长图案记忆，音乐家更擅长音乐记忆。

三、认识我们的大脑

学习和记忆是人脑的高级功能。医学上把一个人真正的死亡定义为“脑死亡”，而不是心脏停止跳动，可见大脑对一个人的重要程度。近年来，脑科学已成为全世界科学研究的热点。“脑科学与类脑科学研究”（简称中国脑计划）作为重大科技项目于国家“十三五”期间正式启动，并在“十四五”规划中再推进。

作为新兴学科的认知神经科学近年来逐渐被人们了解。它是研究人类心智加工脑机制的科学。曾有研究发现，参加过世界记忆锦标赛以及拥有非凡记忆力的人与普通人的智力、所有脑区大小并无差异。然而在fMRI（功能性磁共振成像）需要记忆一系列数字等任务的研究中，那些拥有超常记忆的人却表现出在海马后部、内侧上顶叶皮层中的激活较大，而这些脑区与长时记忆相关。（斯科特·D.斯劳尼克《记忆的秘密——认知神经科学的解释》）

我们知道人的一切活动都由大脑控制和调节。人类所有的有意识和无意识活动，都来自脑的功能。简单来说脑有四大功能，分别是：感觉、运动、调节、高级功能。其中脑的高级功能指的是认知、注意、学习、记忆等。而想认清大脑的高级功能之一——记忆，首先就要对人体的“最高司令部”大脑有一个初步的认识。只有了解记忆的生理基础等知识才更有利于我们将记忆法应用于各个领域。

成人大脑平均拥有约100亿个神经细胞，与此同时每个脑细胞又能生长出树枝状的树突。据科学研究发现，如果越不用脑，脑细胞衰亡的速度越快。大脑作为神经系统最高级部分，由左、右两个大脑半球组成，两个半球通过胼胝体连接。胼胝体是大脑半球中最大的连合纤维，是左右脑沟通信息的“桥梁”。大脑的左右半球在某些高级功能上是高度专门化了的，那么，左脑和右脑，到底哪一个半球的记忆力会更好呢？

我们其实并不能单纯这样去评价，只能说左脑和右脑在记忆的过程中参与占比多少，人的每种活动都是两半球信息交换和综合的结果。我们在记忆过程中只有充分调动左右脑才能充分地发挥它们的优势，达到更好的记忆效果。左脑是主管语言的中枢，而右脑在视觉空间的认知能力上有突出作用。大脑皮层是高级神经活动的物质基础。大脑皮层中鼓起的部分称为“回”，下去的部分称为“沟”，特别深的沟则称为“裂”。大脑不同的区域正是以这些表面的沟和裂为分界的。

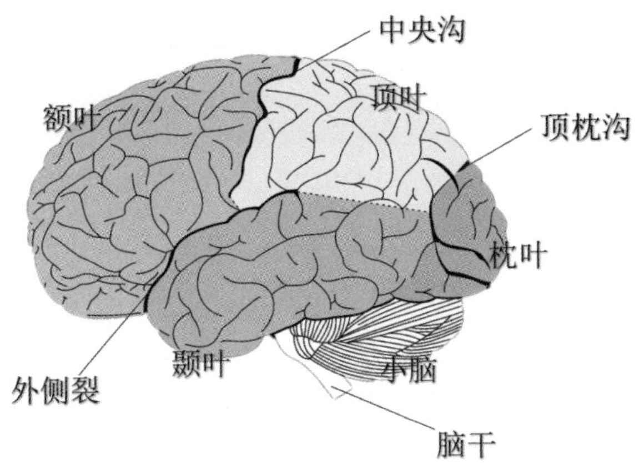

大脑的结构又是什么样的呢？这就要了解一下具有代表性的“三沟五叶”了。因为“三沟五叶”基本涵盖了大脑的所有区域。所谓的“三沟”指的是：外侧沟、中央沟、顶枕沟。“五叶”指的是：前端的额叶、顶部的顶叶、两旁的颞叶、后端的枕叶、深部的岛叶。外侧沟也叫外侧裂，是半球最深、最明显的沟裂，它将颞叶、额叶、顶叶、岛叶分开。顶枕沟又称顶枕裂，位于半球的内侧面，是顶叶和枕叶在内侧面的分界。中央沟是额叶和顶叶的分界，中央沟的前后又分为中央前回和中央后回，中央前回为躯体运动中枢，中央后回为躯体感觉中枢。

人的额叶占整个大脑半球面积的25%。它是人最复杂的心理活动的生理基础。在记忆的神经成像研究和由脑损伤或疾病造成的遗忘症病人的研究中，都发现额叶在长时记忆编码和提取中的作用。额叶主要负责计划和控制，在情景记忆、空间记忆等过程中同样起着重要的作用。大脑顶叶有感觉中枢和其他许多重要区域，与视觉加工和注意有关。颞叶位于外侧裂下方，分为颞上回、颞中回、颞下回。颞叶与视觉和语言加工有关，我们存储新记忆的过程就发生在大脑两侧的颞叶。

研究发现，颞叶中部和皮层下结构——海马和杏仁核在记忆中起着重要的作用。海马体又名海马回，海马体位于大脑丘脑和内侧颞叶之间，属于边缘系统的一部分。海马体主要负责短时记忆的存储和长时记忆的转换等功能。正因如此，海马受损就会影响由短时记忆转化为长时记忆的能力，此外，海马受损还会引起顺行性遗忘，即不能记起受损之后发生的事情。如果信息在短时间内被重复提及，就会向海马区传递信号并将信息存入大脑皮层中，长时记忆因此而形成。

神经生理学家普遍认为，长时记忆的神经基础是神经元突触的持久改变。大脑皮层和皮层下组织之间存在的某种闭合神经环路叫作反响回路。心理学家贾维克和艾斯曼已经用实验证明了反响回路是短时记忆的生理基础。

四、记忆的分类

1.感觉记忆、短时记忆、长时记忆

根据保持时间的长短，我们可将记忆分为感觉记忆、短时记忆、长时记忆。

20世纪60年代末，认知心理学家阿特金森和谢夫林通过研究将记忆形成的过程分解为编码、存储、提取三个部分，并据此提出了三级记忆模型。感觉信息进入信息加工系统后，首先进行感觉登记，然后通过注意，被选择的项目移入短时记忆储存。短时记忆通过复述进入长时记忆，并可以从长时记忆中提取，进入短时记忆。

感觉记忆是指记忆保持时间在0.25~4秒的记忆。感觉记忆是刺激信息在感觉通道中的暂时性登记。感觉记忆的容量很大，但对于不同的信息容量也有所不同。例如，声像记忆的保持时间要比图像记忆长，但是容量却相对更小。感觉记忆中的信息只有少部分被我们注意从而转入短时记忆。

短时记忆是指记忆保持时间在5秒~1分钟的记忆。短时记忆的主要特点

是信息的有限性和相对固定性。心理学家米勒指出人的短时记忆容量只有7±2个“单元”，也就是我们在记忆的时候尽可能保持一次记忆的数量在7个左右，多于或少于7个单位，记忆的效果都会减弱。短时记忆的容量可以通过扩大每个“单元”得到扩充，例如，我们平时习惯将电话号码分成几段来报，而每一段就是一个短时记忆的“单元”。短时记忆编码方式以言语听觉方式为主，辅以视觉和语义编码，并经过复述才会转入长时记忆。

长时记忆是指信息经过充分和一定的深度加工后，在头脑中长时保留时间在1分钟以上的记忆，且容量几乎没有限制。信息进入长时记忆有两个渠道：一是通过对短时记忆的内容不断复述，二是印象深刻而一次获得的经验。爱因斯坦就曾经说过：“人类最伟大的发现之一，就是对大脑无限潜能的认识。”有关研究也表明，长时记忆的容量几乎不受限制。因此，很多人把自己记忆力不好归因于自己的“脑容量”不足，是不符合科学道理的。事实上，人与人之间的智商差别并不大，只不过每个人的习惯和方法不同。因此，拥有好的学习习惯和学习方法对我们来说至关重要。

加拿大心理学家图尔文将长时记忆又分为情景记忆和语义记忆两类。情景记忆是指人根据时空关系对某个事件的记忆。这种记忆与每个人的经历分不开，比如一个人至今都记得拿到大学录取通知书时的情景。语义记忆是指人对知识和规律的记忆，与特定的时间、地点无关。比如记住某项定理、公式，记住乘法口诀表等。心理学研究表明，这两种记忆是独立的，语义记忆不涉及关于以前学习情境的任何记忆。

2.陈述性记忆、程序性记忆

陈述性记忆是我们可以通过有意识的过程获得的有关事实和事件的记忆，它的提取往往需要意识的参与。程序性记忆是指我们无法通过有意识的过程获得的知识，是“怎么做”的记忆，也叫非程序性记忆。程序性记忆可以将各种动作形成一个动作系统，例如在学习开车的时候，我们记住了相关的操作和流程，就属于陈述性记忆。随后，经过我们的不断练习，这种操作几乎不需占用认识资源了，这时记忆就由陈述性记忆转变为程序性记忆。

大家都有过这种体会或感受，当我们默记课文或背英语单词后，如果一段时间不复习，好多内容都忘记了。可是为什么我们小时候学过的自行车和游泳等技能却很久也不会忘记呢？原因就在于前者属于陈述性记忆而后者属于程序性记忆。陈述性记忆的回忆量会随着时间间隔的延长而逐渐减少。但随着时间延长，程序性记忆的消退要比陈述性记忆慢得多。

第二节　影响记忆的关键因素

一、记忆的关键前提——注意力

众所周知，注意力是记忆力的前提和基础，它就像是一个“闸门”，决定了什么信息可以进入我们的大脑。所谓注意是指心理活动对一定事物的指向和集中。若无注意力，记忆力就无从谈起。心理学研究发现，注意是瞬时记忆通往短时记忆的条件，也是提升记忆的良好心理基础。一个通俗易懂的道理，如果一个人学习时注意力分散，那他自然不会有好的学习效果。

认知资源理论认为，不同的认知活动对注意提出的要求是不相同的。对刺激的识别需要占用认知资源，刺激或加工任务越复杂，占用的认知资源越多，而认知资源又是有限的，当认知资源全部占用时，新的刺激将得不到加

工。双加工理论也认为，人类的认知加工可分为自动化加工和受意识控制的加工两类。其中自动化加工不受认知资源的限制，是自动进行的。而意识控制的加工受认知资源的限制并需要注意的参与，可以随环境的变化不断进行调整。

以上两个理论也就能很好地解释了为什么老手司机可以一边开车一边聊天，而反观新手司机却生怕开车时有任何打扰。这就是因为随着开车经验的积累，在开车这件事上占用的认知资源逐渐减少，投入到其他事情中的认知资源逐渐增加。这也就告诉我们，如果想要同时做两件或多件事情，就必须努力使得其中一件事情或几件事情可以达到自动化的程度。

如今，一种“付费自习室”受很多同学的青睐。实际上，自习室的设置很好地利用了注意的相关原理。自习室的每个书桌前面、左面、右面都互相隔开，而且有的位置还专门设有拉帘。这样可以更好地屏蔽无关信息的干扰，所以学习的效率自然会高很多。

付费自习室

因此在日常生活学习中，我们要尽量屏蔽一些可能的干扰，例如学习时关掉电视、手机等可能影响你注意力的东西。很多同学自己在家里学不进去，归根到底是注意的稳定性没有养成的缘故。而反观那些记忆力非常出众的人，他们在记忆的时候表现得格外专注。其实在掌握了科学的记忆方法后，你不仅可以获得训练有素的记忆力，与此同时还会获得更强的注意力、更敏锐的观察力、无与伦比的想象力。

二、习惯对记忆的影响

有好多人认为记忆力是天生的，实际上你所看到的那些最强大脑们的“超能力”大部分都是通过后天的记忆训练达到的，其中也离不开良好习惯的培养。一个良好的生活方式，比如科学的饮食、适当的进行脑力训练等，对于维持大脑正常运转具有重要的意义。

我们的大脑每天的“工作”很辛苦，每天需要的能量很大。它每1秒钟要进行约10万种不同的化学反应，消耗的氧气和葡萄糖占全身供应量的20%~25%，因此我们需要给大脑补充其需要的营养。类似于制订一个合理的食谱对健身会起到重要的作用一样，在这里我们简要列举三种大脑所需的营养：氨基酸、维生素、卵磷脂。

蛋白质由氨基酸组成，而组成人体蛋白质的氨基酸共有21种。其中有8种是人体细胞不能合成的，叫作必需氨基酸，必须从外界环境中获取。剩下的13种氨基酸是人体细胞可以合成的，叫作非必需氨基酸。科学家研究发现，含有某些氨基酸的食物能缓解疲劳、提高大脑的敏捷度。例如，酪氨酸具有提高记忆力、抗精神抑郁的功效。它存在于香蕉、鳄梨、肉类等食物中。

各种维生素对大脑的发育和机能有不同的作用。其中维生素B_1可以促进神经细胞的新陈代谢并维持神经的正常活动，补充维生素B_1有助于减轻脑部疲劳。维生素B_1在动物内脏、瘦肉、玉米、谷物等食物中含量较高。

前面提到过长时记忆的神经基础是神经元突触的持久改变。其中的神经递质就好像“快递员”一样负责传递神经元之间的信息，人体的许多生理活

动都与神经递质的作用有关。乙酰胆碱是中枢神经胆碱能神经系统的一种重要递质，在学习和记忆中起着至关重要的作用。记忆力与大脑中乙酰胆碱的含量密切相关。如果神经元与神经元之间的乙酰胆碱缺失则会伴有记忆障碍产生。胆碱通常存在富含卵磷脂的食物中，卵磷脂可以帮助脑内乙酰胆碱的产生。实验证明，卵磷脂可以使人的智力提高25%，比如蛋黄、芝麻、谷类、玉米油等食物中均富含卵磷脂。

现代科学证明：经常用脑的人脑内的核糖核酸水平会比不经常动脑的人平均高出10%~20%，可见掌握有效的记忆方法加上对大脑进行适当训练，会给我们带来意想不到的好处。

在日常生活中，保持规律的生活习惯十分有利于身体健康。美国的认知神经科学家通过实验发现，经常运动特别是经常有氧运动可以改善长期记忆力。坚持锻炼身体这样的健康习惯不仅有助于我们思维灵活，而且对改善大脑皮层神经的强度，提高分析和综合能力都有作用。

生活中，大部分人往往只重视体育锻炼却忽略了脑力锻炼，事实上脑力和体力同样重要且都需要锻炼。记忆的训练在很多方面就像训练肌肉一样，两者又是相互促进、相辅相成的，不过肌肉会因为训练过度而酸痛，而脑却不会如此。事实上，拥有超级记忆这项技能要远比学会一项其他技能简单得多。

三、记忆的其他影响因素

我们的记忆会受很多因素的影响，例如，生活方式、兴趣、动机等都会对记忆产生影响。记忆的影响因素大体上可分为两类：内部因素和外部因素。内部因素即自己的兴趣、动机等，外部因素则更多是环境的影响。想想在一个嘈杂的户外和安静的室内哪一个效率更高呢？答案是不言而喻的。遗忘的压抑说理论就强调了内部因素的作用，一种是情绪影响，一种则是动机影响。在提取失败说中，强调环境作为一种提取记忆的线索起到了重要的作用，因为周围的环境也会被我们的大脑进行编码并储存在记忆中。

此外，兴趣在记忆中也扮演着重要角色。都说“兴趣”是最好的老师，一个人如果对某个东西产生了浓厚的兴趣，那么即使周围存在干扰也能做到全身心投入。英国物理学家牛顿曾经有一次邀请朋友来家里吃饭，准备就绪后，牛顿发现邀请的朋友暂时没有来，于是就继续回到实验室做研究。牛顿做完实验从实验室走出来后，发现盘子里客人剩下的食物，以为自己也吃过了，于是又回到实验室继续做研究。

是什么使牛顿能够保持如此高的专注度呢？

首先要归因于牛顿对科学研究有着浓厚的兴趣。兴趣是记忆的重要条件，有了兴趣才有注意力。其次，这种兴趣给他带来了认知内驱力，认知内驱力是一种要求掌握知识的需要，是一种重要、稳定的动机。最后，牛顿在长期的学习和研究中形成了一种专注的良好习惯，这种专注的习惯使得牛顿能够维持注意的稳定性。这都是牛顿拥有超强专注力的前提。

四、记忆法——超强记忆的神器

在心理学的研究中，提出了关于问题解决的两大策略——算法和启发法。

算法指的是把所有能够解决问题的方法都一一加以尝试，最终找到问题的答案。例如当我们忘记一个三位密码锁的密码时，我们采用从000一直尝试到999的方式来解决问题，这就是算法策略。

启发法则是运用已有的经验，在问题空间内只做少量的搜索便得以解决

问题。仍然以三位密码锁为例，这次我们在最有可能用的几个密码之间进行尝试，这就是启发法策略。

我们倾向寻找一种更优化的策略去解决问题。很多情况下启发法比算法更加高效，但也要结合实际情况选择适合的策略。而在影响问题解决的诸多因素中，有一个关键因素就是策略的使用，这里就包括记忆策略的使用。事实上，生活处处有策略，问题解决需要问题解决的策略，与人交谈时当然少不了沟通的策略。而学生的学习自然离不开记忆这个关键环节，也就少不了记忆的策略。

记忆法是从古罗马时代开始就有的一种助记方法。它通过给识记材料安排一定的联系以帮助记忆并提高记忆效果。广泛意义上来说，所有能够帮助我们提高记忆效率的方法都可以称为记忆法。一种高效的记忆方法不仅可以让我们的学习事半功倍，而且对一个人综合能力的提升还有自信心的养成都具有十分重要的意义。

第三节　记忆的最大“敌人”——遗忘

一、遗忘是正常的吗

我们知道记忆最大的敌人就是遗忘，学习的过程就是一个对抗遗忘的过程。有人不禁要问：遗忘一定是不好的吗？有一种叫做“超忆症”的罕见病症，全球患上这种病的人寥寥无几。他们无法忘记自己身上发生过的一切事情，因此会觉得非常痛苦。那么，到底什么才是“正常记忆”呢？

事实上，我们一天之中会接收非常多的信息。例如，你走在大街上看过的每一个人、在你身边经过的每一辆车。然而你的大脑却消除了你一天中所接收信息的90%~95%，这是我们大脑存在的一种有利的保护机制，通常被称为选择性记忆。我们只记住那些重要信息，而抛弃大部分无用信息。

关于遗忘过程的规律贡献最大的实验莫过于艾宾浩斯的研究了，他的艾宾浩斯遗忘曲线在今天仍然流传并被我们广泛使用。

在研究中，艾宾浩斯为了排除个体经验在记忆中的作用，采用了一系列的无意义音节作为实验材料，然后记录了自己每间隔一段时间后再次学习的时间并以此计算保持量。

计算公式是：

$$\text{保持量}=\frac{\text{初学所用时间}-\text{再学所用时间}}{\text{初学所用时间}}\times 100\%$$

例如，第一次背诵乘法口诀用了4个小时，第二次背诵时用了2个小时。则认为第二次背诵比第一次背诵节省了2个小时，用2个小时除以最初学习的4个小时，则算出了重学节省的百分数——50%。

艾宾浩斯遗忘曲线给我们的启示有以下两点：

1.及时复习

遗忘在记忆完成后的一开始便发生了，记忆最大的秘诀在于重复。因此科学的复习对于记忆在头脑中的保持至关重要。

研究指出：早期信息的遗忘率最大。输入大脑的信息需要停留一段时间，才能从瞬时记忆转化为短时记忆。因此我们想要减缓遗忘就要反其道而行。建议的复习时间是学习后的一小时、晚上睡觉前、第二天醒来后、一周后、一个月后。目前市面上很多艾宾浩斯曲线记忆法都是据此演化而生的，

但是具体的复习时间、频率以及学习的程度还因人而异。科学研究表明，适当的过度学习对我们记忆的牢固程度是有积极作用的，即达到我们刚好能够背诵时并不是最佳的休息时间，当过度学习达到50%时效果最佳。这也提醒我们在复习时要利用好复习的规律，以保证我们可以更好地利用有效的时间进行学习。

2.利用系统位置效应

系统位置效应是指记忆材料在系列位置中所处的位置对记忆效果发生的影响，包括首因效应和近因效应两种。首因效应指识记一系列项目时，开始部分项目的记忆效果优于中间部分项目的现象。近因效应是指当人们识记一系列事物时，对末尾部分的记忆效果优于中间部分项目的现象。

总的来说，一段材料的最开始和结尾部分更容易被记住，这与人的心理因素有关。回想一下自己听课的情景是不是也是如此呢？开始时我们怀着一种对课程内容的新奇，集中精力去听讲。最后阶段又容易产生快要结束的轻松感，从而更渴望去吸收知识。

二、遗忘的原因

了解过著名的艾宾浩斯遗忘曲线，你可能还会好奇为什么我们会发生遗忘。如果我们把遗忘的原因弄清楚是不是就能够更好地记忆呢?

目前对遗忘原因的主流解释分为四种，即衰退说、干扰说、压抑说和提取失败说。

1.衰退说

衰退说认为，遗忘是记忆痕迹得不到强化而逐渐减弱，以致最后消退的结果。这就好像写在沙滩上的字，会随着浪花的冲刷而渐渐消退。

一个人在毕业很久之后，可能已经忘了书本上知识的具体内容甚至部分同学的名字，这是由于记忆痕迹长时间没有得到强化而导致衰退。而那些简单的英语句子例如“I love you”等却多年不会忘记，因为这些简单的英语句子在日常口语中还会经常运用，或者通过电视等媒介也会经常听到。由此可见，衰退说给我们的策略启示是及时复习，避免衰退给记忆带来的负面影响。

2.干扰说

干扰说认为，遗忘是因为在学习与回忆之间受到了其他刺激的干扰。心理学实验已经证明短时记忆的遗忘是由干扰导致的。德国心理学家做过实验发现，被试在学习后没有任何事情干扰能回忆所学材料的56%，学习后继续做别的事则只能记住26%。

干扰又包含前摄抑制和倒摄抑制两种。

前摄抑制指先前学习的材料对后来学习材料的回忆或再认产生的干扰。例如，我们先学习了汉语拼音，在学习英语音标的时候就总是记成汉语拼音的读法，这就是因为前摄抑制。

倒摄抑制指后来学习的材料对先前学习的材料的回忆或再认产生的干扰。例如，当我们学习完高等数学的内容之后，会对于中学时期初等数学类似的内容产生遗忘，这便是倒摄抑制。不过这种遗忘是一种积极的遗忘，因为对于更高级的方法来说，先前的方法就已经没什么意义了。

干扰说给我们的启示是：

（1）合理选择记忆时间

你可以选择一天中最不受干扰的时间段进行集中学习，比如利用睡前醒后的时间来记忆，因为睡前没有倒摄抑制的干扰，而醒后则没有前摄抑制的

干扰。

（2）合理安排记忆内容

在安排记忆内容时我们尽量选择两种记忆内容的差异大一些，这样干扰的效果就会小于两种相似任务的影响。比如学了两个小时的语文，那么再学两个小时的理科类效果会更好一点。因为长时间地接受同一种刺激大脑的注意力也会下降，所以我们要学会劳逸结合，给大脑“解压”。

3.压抑说

压抑说认为遗忘是由于情绪或动机的压抑作用引起的，如果这种压抑被解除，记忆也就能恢复。压抑说包括情绪压抑和动机压抑两种情况。

心理学家弗洛伊德认为压抑是由于人们回忆带来情绪上的不愉快或内心冲突从而拒绝进入我们的意识，实际上我们并没有忘记记忆的内容，这种压抑也被称为“动机性遗忘”。例如，考试时越是着急越是想不起来答案，而一走出考场就突然想起来了。这其实是一种正常情况，因为当我们走出考场时，这种情绪的压抑作用被减弱了，所以我们的记忆便得以重新唤起。

压抑说给我们的启示是在备考过程中要注重调节心态。很多考试失败的例子并不是因为学习不用功而是心态不佳。我们不妨换个角度换个心情，如果遇到让自己心烦的事情就及时进行自我调节或者找朋友互相倾诉、鼓励，这样会让我们更加坚定、更有信心面对挑战。

4.提取失败说

提取失败说认为储存在长时记忆中的信息是永远不会丢失的。遗忘是由于缺少线索，一旦有了正确的线索，记忆就会恢复。

生活中我们常常会遇到这样一种情况：当我们走在大街上的时候，突然发现对面是自己的一个小学同学，相互之间打了招呼，却怎么也想不起来对方叫什么了。这在心理学中被称为“舌尖现象”，其实我们只是因为暂时性的压抑作用而找不到提取线索。当听到老同学的声音或看到他平时最喜欢戴的手表时，你可能一下子就想起来他的名字了。这就是线索起到的提示作用。

在平时生活中，我们经常听到有人会说：“我们可以把这个当作一个‘记忆点’”。实际上这只是一种简略的、不够完整的表述，准确的说法应该是记忆线索提取的“关键点”。

那什么是提取线索呢？

凡是能够帮助我们提取的刺激、情境或事件都可以叫做提取线索。研究发现长时记忆信息提取的线索包括两种：情景依存性记忆和状态依存性记忆。

情景依存型记忆是指提取信息时的情境和编码时的情境越相似越有助于记忆的现象，比如说故地重游常常会触景生情，往往能回忆起很多往事。

状态依存性记忆是指提取信息时的生理状态或者心理状态和编码时的状态越相似越有助于记忆的现象。这也就解释了在心情好的情况下，人们往往会回忆出更多美好的往事；当人们心情不好的时候，往往更多回忆起不愉快的事情。

心理学家曾做过一个实验，要求被试一部分人在水中学习，另一部分人在沙滩上学习。结果在研究中发现：如果在水下进行记忆，回忆的时候也在水下竟然比在陆地上得分更高。这个实验向我们证明，相同或类似的情景有助于记忆的提取。

提取失败说给我们的启示是：当我们突然想不起来一件事时，可以尽量在脑中回想当时的情景。这样有利于我们更好地回忆起相关知识。比如说你可以在考试之前选择一个空教室进行模拟，越接近考试的真实环境越好。经常做这样的模拟，才能在考试中发挥自己最真实的水平。这也是为什么我们在进行中高考等大型考试前都会进行多轮模拟考的原因。

第二章 三大记忆策略之一——复述策略

第一节 三大记忆策略概述

心理学中把记忆策略分为三大类，即复述策略、组织策略、精细加工策略。这三大策略可以涵盖到我们日常学习生活中的各个领域，本书介绍的所有方法都源于这三大策略基础。

简单来说，复述策略是通过重复来提高学生对学习内容的熟悉性和记忆效果。从神经生理机制方面来看，知识运用越频繁，大脑皮层留下的痕迹就越深刻，神经联系也就越牢固。复述策略是将短时记忆转化为长时记忆的方式。相比于简单学习任务的复述策略，复杂学习任务的复述策略要求学生进行更为积极的思维。

复述策略又分为精细复述和机械复述两种。但这两种方式之间没有绝对的好坏之分。当需要记忆的内容简单而又比较容易理解时，我们可以采用机械复述。例如，当我们需要记住一个快递取件号时，只需要念上一两遍就可以记住了。类似于快递取件号这样的信息是在我们短时记忆的容量里的，因此我们采取简单的复述也未尝不可。

当我们要记的内容不是十分容易理解且内容较多时，精细复述就变成最有效的方法了。精细复述关键在于把记住的内容和已有的知识经验联系起来。这利用了“以熟记新”的原则，同时也是记忆法的核心原则。

那什么是“以熟记新”呢？

比如我们将“外国人”这个词语联想成“歪果仁”。正是因为我们平时见到外国人的机会并不是很多，而果仁是我们日常生活中常吃的一种食物。因此利用这种“以熟记新”的方式转化，可以帮助我们大幅提高记忆效率。

组织策略是整合所学新知识之间、新旧知识之间的内在联系，形成新的知识结构的策略。组织策略通过一种合理组织使知识化繁为简，有助于学习者更加深入掌握知识的逻辑。组织策略主要有列提纲、画思维导图等，也是目前在学生考试、公司规划中经常使用的策略。

建构主义学习理论认为，每个学生头脑中都有属于自己的知识经验，新的知识要从自己头脑中旧知识上获得延伸并依赖于旧的知识，这样才能更好促进新知识的理解以便更好地“归入”知识网络中。即利用内部规律和联系，将新知识纳入已有认知结构中的策略。

精细加工策略是一种将新的知识与头脑中已有知识联系起来从而增加新信息意义的策略。

精细加工策略通过对材料进行精细加工或补充可以帮助学习者将头脑中已有经验和需要掌握的新信息联系起来。除此之外，精细加工策略还有助于我们以有意义的方式来组织、加强新旧知识的关联，例如数字编码法、记忆宫殿法等。

简单介绍了三大记忆策略之后，我们来具体看一下每个记忆策略下面又有哪些具体的方法吧！

第二节　复述策略之回忆复习法

可能刚记下知识的你感觉很激动，但是一定要注意任何的记忆都是会遗

忘的，只不过遗忘的速度有差别罢了。“温故而知新”不仅可以帮助我们巩固记忆，还可以加深我们对知识的理解。就如同著名桥梁专家茅以升所言：“重复是记忆之母”。如果新接受的知识记完又忘了，就相当于前面的努力白费了。

因此我们在复习时要学会组织有效的复习。既可以检测自己的不足，又能针对记得不牢靠的地方进行复习巩固。总之我们要遵循的原则是：根据自身实际情况选择合理的时间安排复习。在复习时要注意整体和部分复习的适当把控。切忌将记忆内容不分层次从前至后一直到底，中间没有任何停顿。

比如有的人在背英语单词时喜欢从单词书a开头的单词背到最后z开头的单词。这种背单词的方式通常效率很低，大多情况会造成记了后面又忘了前面，因此复习过程中适当进行一下自测也是必需的一环。自测可以方便我们清楚地了解自己的不足并及时纠正。相关研究表明，复习与尝试背诵的比例应尽量保持在3:5。

回忆复习法根据方式不同又分为两小类：自我回忆法、运用实践法。

一、自我回忆法

自我回忆法即通过“内省”对学习过的知识进行重温。美国心理学家詹姆斯将内省定义为“审视我们自己的思想并报告我们的思考所得”。研究证明“内省”在认知心理学和认知神经科学中的作用不可估量。

回忆的时间是自我回忆法的关键。心理学研究表明，晚上8~10点人的大脑皮层处于最兴奋状态。我们可以利用这个时间对早上识记过的内容进行重温。推荐的做法是：看着今天学过的笔记或整理的提纲回忆一天学习的内容或一章的知识结构。此外还可以在笔记上记录自己的问题以便日后复习。如果感觉这节课收获满满，也可以列一下本节课的收获提纲。

如果是像期末考试需要复习整本书的时候，可以直接翻到书的目录部分。这里目录的作用是：以目录作为一个“线索”将全书内容串联在一起，从微观和宏观两个层面进行复习。

微观层面：看着每一节的目录去回想相关的知识点。

可以大致从以下几个方面进行回忆：

本节分为了哪几个部分？

每个部分分别讲了哪些知识点？

自己曾经做过哪些错题？

这些题的易错点是什么？

我还有哪些疑惑的地方？

……

宏观层面：看着各个章节的目录去回想它们之间的联系。

可以大致从以下几个方面进行回忆：

本书一共分了哪几个章节？

这几章的逻辑是什么样的？

每章之间是否有相通的知识点？

我从本书中学到了哪些知识可以迁移到别的学科？

……

或者你可以选择晚上躺在床上闭目养神时将一天所记的内容像过电影一样在大脑中回忆一遍。当我们闭上眼睛回忆时，可以隔断外界的视觉刺激造成的干扰，更有利于将曾经接受的刺激表象在脑海中显现。例如在世界记忆锦标赛的舞台上，很多选手在回忆时都是采取低头闭眼的方式，这种方式也

更有利于进入记忆的状态。

回想的时候要尽可能回忆丰富的细节，比如上课时老师提问了哪个同学什么问题、当时自己在思考着什么等。这些看似不起眼的细节实际上对我们的回忆有不小的帮助，会被我们无意识地编入编码之中。如果有实在想不起来的要记得及时查阅。这对培养我们的学习能力和拥有一个终身受益的好习惯具有重要意义。

二、运用实践法

运用实践来检验记忆是最有意义、最直接起作用的方法。毕竟我们的目的不是为了记忆而记忆，而是能将记住的东西在实际中进行运用。因此我们要学会先把材料吃透，不要一知半解或者不求甚解。著名的学习金字塔理论（见彩插1）也认为，学习最有效的方式是将学到的知识传授给别人或者马上付诸实践，这种方式可以吸收90%的内容。

运用实践的形式多种多样，例如：与人争论、解决实际问题等。

1.与人争论

诺贝尔奖获得者萧伯纳曾说："你有一个苹果，我有一个苹果，我们彼此交换，每人还是一个苹果；你有一种思想，我有一种思想，我们彼此交换，每人可拥有两种思想。"爱因斯坦也是在同好友的学习讨论中懂得并掌握了"黎曼几何"，从而为他后来发现相对论奠定了基础。建构主义学习理论也强调学习的社会互动性。该理论指出：学习者是通过某种社会文化的参与而内化相关的知识和技能的，而这一过程常常需要一个学习共同体的合作互助来完成。

"围坐式"教学模式就很好地利用了这一优点，虽然只是学习座位的简单格局改变，但这种方式会带来很多好处。有助于激发学生的动机并培养团队意识，充分体现了以学生为主体的原则。此外，通过这样一个良好的争论环境来调节情绪又十分有助于我们的学习。情绪是影响智力活动的重要因素，在特定的条件下，情绪甚至会起到决定性的作用。例如很多同学在备考时会选择一起约到某个同学家中去学习。这种小伙伴之间互相争论的学习方式不仅可以让情绪为我们的记忆服务，还可以利用这一竞争条件督促我们更好地投入学习之中。

2.解决实际问题

我们常说："实践是检验真理的唯一标准"。毕竟学习是为了满足我们的需求和实际生产生活需要。因此，任何带有实际操作性的东西都需要在实际问题中进行学习和检验。比如，我们记住了一道菜的烹饪步骤，最好的检验方式不是去默写这道菜的步骤，而是去实际做一道菜尝尝。在不断地尝试做的过程中发现并总结问题，才有利于我们更好地掌握所学知识。

再比如我们在大学的最后一年需要进行实习工作，这就是将大学前三年学到的理论知识应用于实践。在现实环境下，理论知识和实际应用往往存在着很大的区别，因此在大多数情况下能否解决实际问题就成为衡量的重要指标。

第三节　复述策略之间隔复习法

不知道你有没有这样的感受：反复想一件事却怎么也想不起来，而不知什么时候却又突然间想起来了。实际上这是几乎每个人都有过的现象，可能由于动机等因素暂时压抑了我们的记忆，而当我们去做其他的事情时停止了

对问题的积极探索，说不定某一时刻就会回忆起当时的信息了。这便是心理学著名的“酝酿效应”。

我们的复习分为两种：集中复习和分散复习。如何合理地分配复习时间就成为记忆中一个关键的环节了。

我们可以利用这种方式去复习记住的任何东西。比如你想记住一个新朋友的名字，可以在刚一开始隔一小段时间默念一次，待第二天早上再温习一遍就可以长久地记住了。后面我们还会系统讲到如何记忆人名等技巧，以方便我们记忆生活中常见的信息。

实验已证明，分散复习的效果相对集中复习的效果更好。分散复习可以让大脑进行休息。科学家奎德的实验发现，睡眠时大脑依然在“工作”。也就是潜意识里还在整理刚才的信息并进行着积极地思考。所谓潜意识，就是指人类心理活动中未被觉察的部分，但是仍然会对我们产生影响的意识。

当我们面对很多复习任务时，便可采用这种方法进行拆解，将一个大任务拆解成几个小任务分散在不同的时间完成。当你完成当下的小任务再进行另外一个，这样的学习方式会使我们在不知不觉中进入全情投入的状态，而且不会感到恐慌和焦虑。

由于每个人的知识经验和生理条件等有诸多不同，所以在运用复习策略时，复习时间顺序的安排便各不相同。信息在脑中停留时间超过20秒的东西才能从瞬时记忆转化为短时记忆。

例如要背诵的一篇文章有八个部分，下面介绍两种对应的科学复习法。这两种方法有异曲同工之处，可以根据自身情况选择其中适合的一种。

第一种学习的方案为：

记忆完1、2组

复习1、2组

记忆3、4组

复习3、4组

复习1、2、3、4组

记忆5、6组

复习5、6组

记忆7、8组

复习7、8组

复习5、6、7、8组

复习1、2、3、4、5、6、7、8组

这种方法的特点是复习的次数多而频繁。优点在于记忆的内容保持长久且不易遗忘。因为这些内容经过了若干次的复习，所以越到后来复习用的时间就会越少。

第二种学习的方案如下：

记忆完1、2组

复习1、2组

记忆3组

复习2、3组

记忆4组

复习3、4组

记忆5组

复习4、5组

记忆6组

复习5、6组

记忆7组

复习6、7组

记忆8组

复习7、8组

复习1、2、3、4、5、6、7、8组

第二种学习方式除了开头和末尾的两组记忆的次数为3次，其他组的记忆次数都为4次。这种方案充分利用了心理学中的系统位置效应原理，即开头和结尾的内容比起中间的内容更容易记住。两种复习策略各有特点，无所谓好与坏，每个人都可以根据自己的特点选择其中之一进行复习。总之，采取哪种复习方式不是我们的目的，关键是要将记住的内容牢牢掌握才是王道。

第三章 三大记忆策略之二——组织策略

第一节 概括记忆法

概括记忆法是最为常用的一种组织策略。概括记忆法尤其适用于记忆那些本身难度较大、内容较多的信息。类似于找文章中的关键词，只要找到关键词，我们就能回想起与之对应的内容了。记忆法的核心是“化繁为简”，化繁为简就是把提取的知识进行筛选，选出关键性的知识即关键词。想想我们在小学学习语文时就曾用一句话来归纳整篇文章的中心思想。通过概括不仅可以简化纷繁复杂的内容，还可以提高再次复习时的效率。

中国古代的大圣人孔子曾说：“诗三百，一言以蔽之，曰思无邪。”在日常学习中，真正起到关键作用的往往是内容中的核心部分。通过浓缩概括出的一个词作为提示，不仅可以作为提取线索，还可以简化记忆内容。因此，只要我们抓住了核心部分，记忆就会变得格外轻松。

概括记忆法的应用十分广泛。在日常生活中我们也会经常见到关于英语熟词的概括法。比如说BNU是北京师范大学（Beijing Normal University）的缩写。再比如说我们看体育比赛时，如果某人的比赛成绩旁显示了“WR”的字样，意思就是他创造了世界纪录（World Record）。这样的表达有助于提高我们快速记忆单词的能力。

这里给大家介绍一种“编码策略”。比如当我们作调查时往往需要记录被观察者的基本情况。为了方便记录，我们可以把性别定义为“0是女性，1是男性”。这样的编码策略有效地提高了我们的效率，同时也简化了记忆。

再比如我们读论文的时候，会先看论文的摘要部分再来决定是不是要精读这篇论文。这就好比通过阅读一部著作的前言，我们就可以大致知道书中描绘的大致情节以及写书的目的等。

概括的形式多种多样。根据形式的不同可以分为数字概括法、简称概括法等。比如习近平新时代中国特色社会主义思想中的“五位一体”总体布局、“四个全面”战略布局就属于数字概括。再比如我们用党的十九大来表示中国共产党第十九次全国代表大会就属于简称概括。

下面看看概括记忆法在专业课的应用吧！

会计基本假设是对会计核算时间、空间环境等所做的合理假定，会计基本假设包括：会计主体、持续经营、会计分期、货币计量。

我们可以提取四个基本假设中的关键字。这里需要注意的是，由于这四个假设里面会计主体和会计分期都带有“会计”，不利于概括，因此我们要换一个关键字进行提取。在这里我们可以选择“主持分货”四个字。然后在记忆时可以联想成，在分货的时候需要一个人来主持调配。

由上面的例子可知：采用概括记忆法时不一定要概括成每一个词的第一个字。如果第一个字相同或者没有什么特点，不能够代表这一个词的内容，就可以换其他字词或者用另一种你能联想到的方式进行替换。

我们来看下面的例子：

总分类账户和明细分类账户的平行登记。所谓平行登记，就是对于涉及明细分类账户的每一笔经济业务，都要根据会计凭证在总分类账户及其所属明细分类账户中按照同时期登记、同方向登记、同金额登记、同依据登记的要求进行登记。

我们可以根据四个要点的关键字：同时期登记（时）、同方向登记

（方）、同金额登记（金）、同依据登记（依）。这里要值得稍微注意的是：其中的“方”字我们不太好去进行联想，所以在这里我们可以采用一个“望文生义”的技巧，即由这个字我们能够联想出来的另一个字。

想象一下“方”字和哪个字长得很像呢？对了！我们通常会想到的是“万”字，因此我们用“万”来作为此要点的关键字。这样这个“小口诀”就转化成了“时万金依”。接下来我们再用谐音法将它继续转化成“十万金衣”。我们可以想象成有一件金子做的衣服十分昂贵，一件需要花费十万元，所以连起来就是“十万金衣”。

¥100,000

在这里需要注意的一点是记忆方法的选择是根据自己的目标来的，如果题目没有要求我们必须按照顺序去记忆（比如选择题），我们也可以调换顺序以帮助更方便进行联想。还有大家一定不要忘了在提取完关键字之后将这些关键字用联想的方式进行串联，编成一个像顺口溜一样的“小口诀”。

我们再来看一道考研政治大纲当中的题目：

五四运动为什么是新民主主义革命的开端？

答：五四运动，以彻底反帝反封建的革命性、追求救国强国真理的进步性、各族各界群众积极参与的广泛性，推动了中国社会进步，促进了马克思主义在中国的传播，促进了马克思主义同中国工人运动的结合，为中国共产党成立做了思想上、干部上的准备，为新的革命力量、革命文化、革命斗争登上历

史舞台创造了条件。

在这道题目的记忆中，我们完全可以发挥概括记忆法的优势。下面我们先进行一下分析。

首先是对五四运动的定位：

一共有“三性”分别是：革命性、进步性、广泛性。

其次是“一个推动，两个促进”：推动了中国社会进步，促进了马克思主义在中国的传播，促进了马克思主义同中国工人运动的结合。

再次可以概括为：做准备和创条件。

中国共产党成立做了两方面的准备：思想上和干部上。

为三部分登上历史舞台创造了条件：新的革命力量、革命文化、革命斗争。

分析过后我们再来结合下面的思维导图进行记忆，是不是就轻松了许多呢？

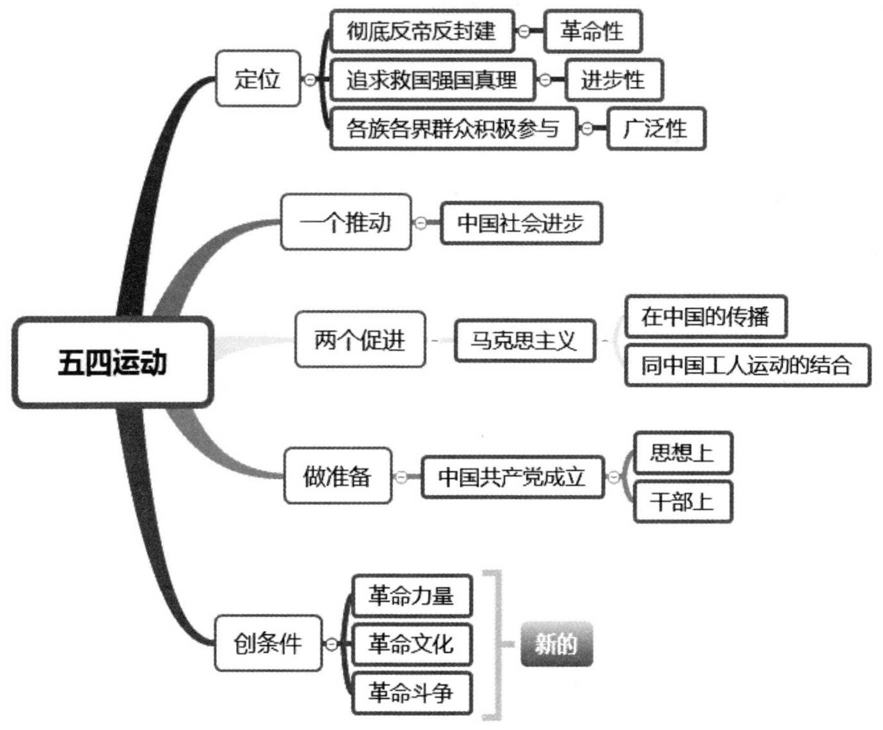

第二节　系统记忆法

系统记忆法是指按照规律将内容系统化地组织起来形成一个整体的记忆方法。许多相似或相互关联的事物有机地结合在一起都会形成一个系统。心理学曾经对新手和专家进行研究，发现一个领域的专家和新手的区别在于专家的知识经验丰富。此外，专家的知识结构是高度系统化的。一个新手在回答问题时往往只能就题而回答，而专家则会将该问题所涉及的一个体系的知识点“全盘托出”。如果我们在学习当中也能注重系统化、层次性的知识结构，那么记忆效果就会得到显著提高。

事实上，我们学习的知识本身就是有系统的。比如初中物理的内容可以总结成——由声、光、热、电、力五方面结合成的知识体系。有系统的知识就像一张知识网络一样，随着我们知识的深入学习，这张网络还会得到进一步延伸。此外，系统的知识本身又是有逻辑联系的，因此这样成系统地学习也方便我们提取记忆。这就好比一本书的目录部分，当我们需要回忆某个知识时，只需要直接在知识网络中找到相对应的内容即可。

下面来看一个关于高中物理——运动的描述这章的系统总结图：

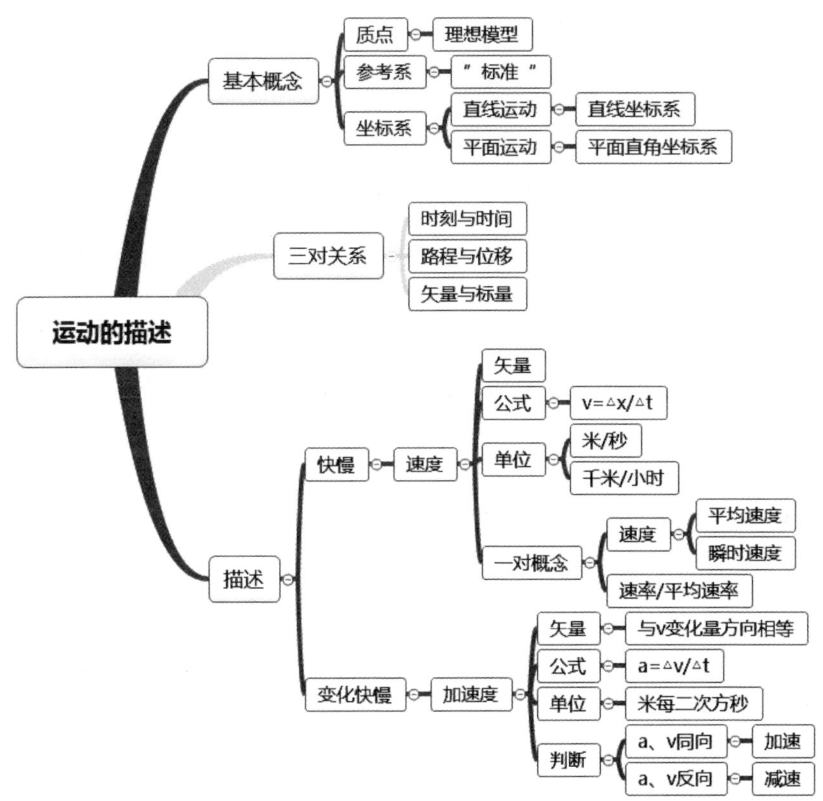

通过上述总结，我们知道本章的知识系统可分为三大部分：第一部分为基本概念，第二部分为三对易混淆的概念，第三部分就是本章的重头戏也就是两种描述运动的物理量——速度和加速度。同时这样的系统学习还有助于我们的复习和加强知识间的对比，可谓一举多得。

我们知道英语单词也是具有体系的。如果能利用好系统记忆法将会达到让你意想不到的奇效！一个单词我们可以从它的词性等角度展开，以一记多。来看下面的例子：

例1：由vary（v.变化）这个单词可以联想到其他的同根词。

vary（v.变化）

variety（n.多样化）

various（adj.各种各样的）

variation（n.变化）

上面的例子是从英语单词自身词性角度进行展开的，展开的角度不同就会形成不同的记忆系统。比如我们常说的词根词缀就是一个非常好的方式。我们知道前缀“inter－”表示在……中间、在……之间的意思，顺着这个思路，下面的单词就都可以送你啦！

例2：

international（adj./n.）

记忆：inter—在……之间；—national国家的→在各个国家之间→国际的

interaction（n.）

记忆：inter—在……之间；—act行动；—ion名词后缀→相互作用

interval（n.）

记忆：inter—在……之间；—al名词/形容词后缀→间距

interview（n./v.）

记忆：inter—在……之间；—view看→相互观察→ 采访，面试

像上面那样，将原先单个的知识分门别类地归集在一个个“系统”中，这样不仅有利于我们节省背诵时间，更方便回想出一整串单词。这就好像我们都希望自己的储物柜安排得井井有条不是吗？在学习中我们一定要学会及时归纳和总结。这样我们在记忆系统化知识时，就会运用特征规则减轻记忆的负担。

第三节　提纲记忆法

提纲记忆法是通过分析总结要记忆的内容，将其归纳成提纲的形式进行记忆的方法。提纲的呈现形式可以是图表，也可以是框架。通过提纲来记忆，不仅可以深化对内容的理解，还可以更全面地加深宏观认识。虽然图表和框架的形式不同，但两者的原理相同，有时两者还会穿插在一起使用。因此，在今后的学习工作中，大家应该保持一个列提纲的好习惯，这将会是我们高效完成学习和工作任务的保障。

提纲记忆法最大的优势在于以下三点：

1.使知识更加明确化、条理化，有利于知识之间对比。

2.可以减轻大脑记忆的负担，扩大记忆的容量。

3.在绘制的过程中加入个人的思考形成“初级印象”，有利于后期记忆和复习。

正因为提纲记忆法的这种优势，它的应用范围也非常广泛。比如我们在背诵简答题或者篇幅较长的文章时，都可以先列一个提纲来整理我们的思路。在阅读一本书时，也可以利用提纲来汇总书中的核心内容，或者每章节的中心思想。由于列提纲可以提高我们的概括与总结能力，因此能够养成列提纲的好习惯，将有助于我们提高思维能力。下面以一个简答题为例，实际来感受一下提纲记忆法的优势。

简答题——心理学的研究对象包括什么？

答：心理学研究的对象被称为心理现象，可以分为两个方面，分别是心理过程和个性心理。

心理过程是每个人都会存在的，所以称为共性部分。而个性心理是每个人独有的特质，所以被称为个性部分。

心理过程又包括三个部分：认识过程、情感过程、意志过程。其中认识过程包括：感觉、知觉、记忆等。情感过程又包括情绪和情感两个方面。此外，伴随着心理过程存在着一种心理状态，其中注意不作为独立的心理过程而存在。

个性心理又包括个性心理倾向性和个性心理特征，其中个性心理倾向性包括：需要、动机、兴趣。个性心理特征包括能力和人格两个方面。气质和性格合称为人格，其中的性格是个性心理特征的核心。

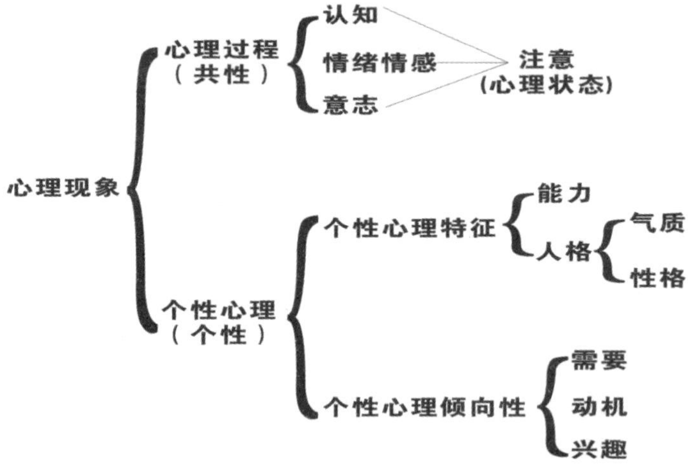

这种画框架的形式可以从逻辑和内容两个方面提高我们的记忆效率。

逻辑层面：将要记忆的内容分级展开，十分形象地说明了心理过程和注意、心理现象之间的关系。

内容层面：通过提纲挈领的总结，原来接近300字的一道简答题被简化成了57个字。这样单从数量上我们就简化了5倍之多，此外这种系统总结更有利于我们理解和掌握新知识。

第二种列提纲的形式为图表。通过排列成表加以对照，信息就会清晰直观地呈现在我们面前。

图表的呈现方式还能够引起人们的形象思维，并对人的大脑皮层产生强烈的刺激。比如记忆反映地球公转过程中季节的昼夜转换点的四个节气日期：春分（3月21日前后）、夏至（6月21日或22日）、秋分（9月23日或24日）、冬至（12月22日前后）就可以用下面的表格进行整理：

节气 / 日期	月份	日期
春分	3 月	21 日前后
夏至	6 月	21 日或 22 日
秋分	9 月	23 日或 24 日
冬至	12 月	22 日前后

从特征上，记忆对象还可以把先后学习的材料进行系统组合。因而图表记忆法自古以来就被广泛采用。图表的形式既突出了信息之间的对比，又使事物之间的异同清楚地显现在表格中。

下面来看一个具体的实例：心理学中将记忆按保持时间长短分为：感觉记忆（瞬时记忆）、短时记忆、长时记忆。这三种记忆类型有时我们容易记混淆，利用图表进行总结就可以大幅提高我们的效率。

	感觉记忆	短时记忆	长时记忆
编码	图像 / 声像	语言文字听觉为主，辅以视觉、语义编码	语义类别 / 编码为主
影响因素	—	个体觉醒状态 加工深度 组块	编码时意识状态 加工深度
特征	保持时间短 原始形式存储，具有鲜明形象性 容量较大（图像 9 个，声像 5 个） 注意→短时记忆	保持时间 1 分钟左右 遗忘主要是干扰 编码以听觉为主，视觉语义为辅 容量 7±2 复述→长时记忆 处在意识中心的记忆	保持时间 1 分钟以上 语义或形象形式编码 记忆种类、数量无限 自然衰退 / 干扰→遗忘
提取	—	完全系列扫描	情景和生理 / 心理状态

再来一个例子：很多同学学到高中政治——马克思主义政治经济学部分的内容时往往对于社会必要劳动时间、个别劳动时间、商品价值量等概念理解不深刻，对于它们之间的关系有时候常常容易搞混。

这里为大家整理了一张图，将这块的概念以及它们的关系清晰完整地反映在图中：

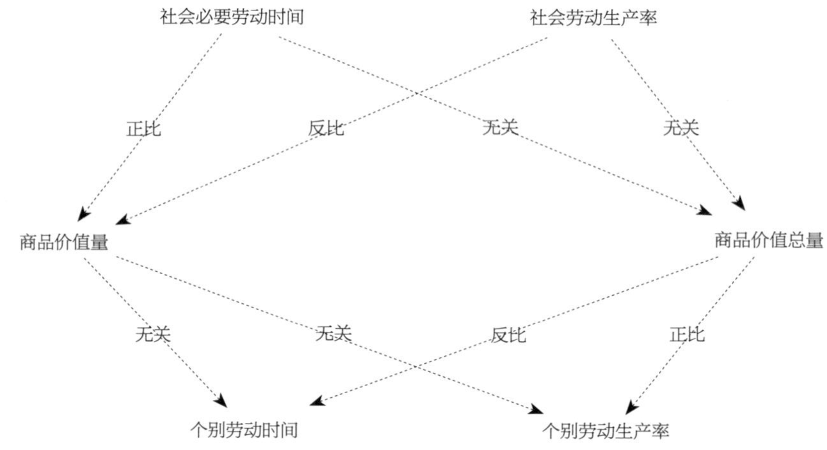

第四节　分类记忆法

通常当我们在面对较多的信息时，为了提高效率会进行重新组织，按照一定形式进行归类。归类的目的是使分散的信息构成条理、零碎的信息组成系统。比如我们在小学学习三角形时，将三角形按照角分类可分成：锐角三角形、直角三角形、钝角三角形三种。这样系统地进行分类显然更容易被我们的大脑所接受。

分类记忆法的作用远比你想象得多。我们的大脑就像一个超市的货架，我们记住的东西就好比超市里卖的商品。分类记忆法好比超市里的“理货

员”，它可以把我们记忆的信息分门别类地放在不同的货架上。想想如果没有这个“理货员”，我们回忆起来会多么麻烦，这种方法最大的优势是在分类的过程中减少了记忆的“单元”。有经验的同学在整理笔记或试卷的时候，会按照不同学科、不同章节进行分类，并用便利贴在旁边做好标记。这样既方便我们快速复习所学知识，又对我们保持一个良好的学习习惯具有重要作用。由于在分类时对信息进行了一定的加工，所以又有利于我们的再次记忆。不论是图书馆书号的设置还是会计各类账户的设置，分类的思想在今天都发挥着不可替代的作用。

例如：

在会计学科中，按其归属的会计要素分类分为资产类科目、负债类科目、共同类科目、所有者权益类科目、成本类科目、损益类科目。

每一类科目都有对应的编码。比如资产类科目以数字“1”开头、负债类科目以数字“2”开头等。比如当我们在电脑中输入“1001”这一串数字时，系统就会自动将其转化成“库存现金”这个科目。有没有瞬间体会到分类使我们的工作和学习效率都大幅提高了呢？

在魔方公式的学习中我们也可以采取这种方法。先对我们要记忆的公式进行观察并找到之间的联系，然后将类似的情况归为一类。比如下面的这7个顶层公式就可以当成一组来记。通过仔细观察不难发现，它们的图案中都包含有“十字”。以此类推，你会发现按照这种规律其实记下来几十个公式也不是困难的事情。

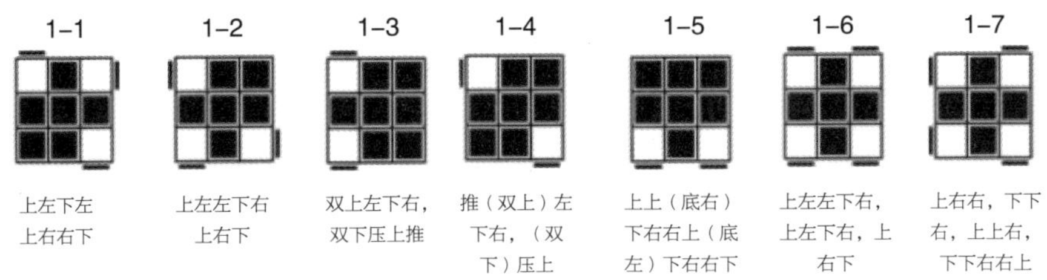

第五节　对比记忆法

马克思主义哲学认为，世界上的矛盾总是一对一对存在的。想想如果没有高何所谓低呢？如果没有海洋何所谓陆地呢？对比记忆法是指通过作比较，更加清楚地找到事物之间的联系，并突出彼此的特点从而强化记忆。

总结起来，对比记忆法有三大作用：

1.全面地认识记忆的内容。

2.精准记忆易混淆的内容。

3.加深有联系内容间的理解。

对比记忆法的应用范围广泛，尤其适用于相近、相似的知识，或者是内部间本身有联系的知识。如果能将对比记忆法熟练应用在具体学科知识中，再背起来就会显得非常容易了。下面来结合具体的例子看看吧！

例1：语文知识

戊戌变法中的“戊戌”和戍守的“戍”、戎装的“戎”长得十分相像。如果不通过对比来记忆的话就比较难掌握。我们可以根据四个字的读音和形体差异，总结成一个顺口溜：横“戌”、点“戍”、“戊”中空，一横一撇就是“戎”。这样一来不但能分清读音，而且我们可以通过这种比较式的记忆将知识的所有特征都记住，不会造成遗漏和缺失。

例2：生物知识

我们在学习原核生物与真核生物时就会利用表格加强这种对比，再加上按照一定的逻辑（细胞质、细胞膜、细胞壁）把细胞由内到外进行梳理，便可轻松掌握它们之间的区别了。掌握了这一点，再去记忆原核生物的细胞器只有核糖体、细胞质基质和细胞膜成分与真核生物相似、细胞壁成分是肽聚

糖等知识点就十分轻松了。

在学习到物质运输方式时，我们也可以用这种逻辑+对比的方式进行综合记忆。例如，在三种物质跨膜运输方式中，需要能量的运输方式为主动运输；需要载体蛋白、不需要能量的运输方式为协助扩散；既不需要载体蛋白又不需要能量的运输方式则为自由扩散。

例3：英语知识

我们都知道英语单词数目庞大，这就必然会出现很多词形类似的单词，这些相似的单词往往是我们容易混淆的地方。利用对比更有利于突出它们的区别，将头脑中的单词形成知识网络储存起来。我们就可以抓住单词的区别作为提取的特征，并利用联想的方式使这种对比可以更进一步深化。

例如，当我们记忆：might、light、fight、right这几个单词。

might（也许）→m：谐音转化成“妈妈”

联想：妈妈做的饭菜也许是世界上最好吃的！

light（光线）→l：样子像长长的“灯管”

联想：灯管发出的光线很耀眼！

fight（打斗）→f：谐音转化成“一把斧头”

联想：他们分别拿着一把斧头进行打斗。

right（右边）→r：形状像一条“岔路口”

联想：我们选择了岔路口右边的一条道路。

例4：魔方公式

我们记忆魔方公式时，有很多公式是互相之间有联系的（比如说互推）或者是图案对称。这样就可以把它们当作一组来对比记忆以便突出特点，加深内容之间的理解。

下面的两种手法就利用了对称性原理，也就是说只要背了其中一个，另一个就可以轻松地记住了。比如说A组需要做左手的“勾上回下”，而对于B组只需要做对应右手的“勾上回下”即可。可以形象地将这两种手法理解成“照镜子”。这种对比的方式无疑会节省我们大量的时间，体现了对比记忆法以一记多的强大优势。

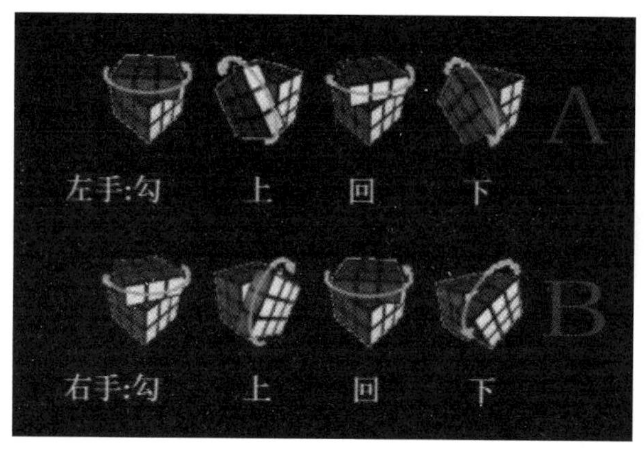

第六节　组块记忆法

一、组块的概念及原理

组块是记忆容量的测量单位，是指人们在过去经验中已变为熟悉的一个刺激独立体。组块可以是一个字、一个词、一个句子，甚至是多个句子、多段话组合在一起的“单元”。在记忆中如何划分组块对我们记忆具有极其重要的影响。美国心理学家米勒在实验中提出“组块”概念，他发现正常人一次的记忆广度为7±2个组块。

古代诗词我们觉得较易背诵，很大程度上是因为古代诗词每一句大多不超过7个字，因此有人称它为“魔力之七”。再比如我们平时在报自己的电话号码时，会习惯性地分成三段阐述。实际上，如何划分每一个识记部分的长短也是灵活机动的。如果你是一个经常背诵文言文的“老手”，你就可以将一篇文言文分成较少的部分进行学习记忆，甚至可以将一篇文章完整地记过一遍之后再进行复习。如果你是第一次接触文言文的“新手”，那么你就可以将一篇文章分成多个部分进行学习，这便是组块记忆法的体现。

组块记忆法之所以能帮助我们快速记忆知识，是因为组块具有两大显著特点——扩容性和差异性，让我们一起来了解一下：

1.扩容性

心理学家米勒发现短时记忆信息可以通过加大每一组块容量而得到扩充和提高。这一差异可以被认为是信息比特和组块之间的差别。比特是信息的单位元素，就好比你在背单词“whiteboard”的时候把它分成2个组块，即white和board，而实际上这个单词是由10个字母组成的。这一证据指出人们具有将信息重新编码成可管理的信息包的能力，从而使得这一信息包可以在短时记忆的容量内被加工。

2.差异性

差异性即由于个人内部经验不同，导致组块内部组织水平或对信息再编码的方式不同，因此每个人相对应划分的组块便不尽相同。比如，记忆3567412878这一串数字，不同的人有不同的分段记忆方法，然而不同的分段的记忆效率也是不同的。人们利用贮存于长时记忆的知识对短时记忆的信息加以组织，使原来较小单位组织的内容构成人们熟悉的有意义的较大单位即意义组块，这个过程叫作“组块化”。“组块化”的关键在于组块之间建立联系或联结，即联想。通过“组块化”就能扩大短时记忆的容量，从而提高记忆效果。

二、如何运用组块策略

先举一个例子：元丰六年十月十二日夜，解衣欲睡，月色入户，欣然起行。——《记承天寺夜游》

在记忆这个句子时，首先我们可以提取出六年十月十二日、解衣、入户、起行这四个关键词。于是，这一句话被我们简化成了4个组块。接下来我们继续进行简化，把六年十月十二日用数字602来表示。然后我们需要赋予数字602一个意义，由此我们联想到602房间。接下来将解衣、入户、起行形象联想成一系列动作。即一个人先解衣，然后随着月光入户而起身出行。

最终联想成：在602房间里的一个人先解衣，然后随着入户而起行。

经过组块化的方式，我们将一句由22个字组成的话简化成了1个组块。想一想，由原来的一句文字变成了一个通俗易懂的小故事，记忆效率是不是大幅提高了呢？

接下来我们做个升级挑战——记忆我国34个省级行政区。

让我们首先来梳理一下：我们发现34个省级行政区由23个省、5个自治区、4个直辖市和2个特别行政区构成。

下面我们先运用分类记忆法进行一个分类：

23个省：黑龙江省、吉林省、辽宁省、山东省、河北省、安徽省、江苏省、海南省、广东省、湖南省、河南省、贵州省、浙江省、江西省、台湾省、湖北省、福建省、甘肃省、云南省、陕西省、山西省、四川省、青海省

5个自治区：内蒙古自治区、宁夏回族自治区、新疆维吾尔自治区、西藏自治区、广西壮族自治区

4个直辖市：北京市、天津市、重庆市、上海市

2个特别行政区：香港特别行政区、澳门特别行政区

按照类别进行展现是不是就很清晰了呢？接下来我们就要制订相对应的记忆策略了：

由于2个特别行政区和4个直辖市数量比较少，我们可以先把它们记下，然后把剩下的再进行统一记忆。香港特别行政区和澳门特别行政区可以直接提取出关键词——香和澳，然后可以联想到花丛中的花真的好香（香港特别行政区）噢（澳门特别行政区）！

接下来是4个直辖市：北京市、天津市、重庆市、上海市

这里介绍一个小技巧：比如重庆市的“重”字和“庆”字不太容易出图像或者暂时无法联想到什么具体的图像，该怎么办呢？这时可以用替代法，即替换成一个与其相关联的字作为关键字。这里我们可以用重庆市的简称——“渝”来代替。

具体步骤如下：

第一步：

提取关键字：北京市——北、天津市——天、重庆市——渝、上海市——上。

第二步：

由于本项内容没有要求我们按顺序记忆，所以我们可以转化成：渝北上天，然后利用谐音法进行联想：鱼背上天。

第三步：

充分发挥我们的联想能力：一个人把鱼背上了天。

接下来就是挑战的核心环节了。由于剩下的部分还是比较多，我们可以进行一下分组，然后以组块的形式再进行记忆。

观察下面的十个省级行政区，你发现了什么规律呢？

江西省、江苏省、湖南省、湖北省、河南省、河北省、山西省、山东省、广西壮族自治区、广东省

通过观察我们发现，十个省级行政区可分为两两一组，而且每组的第一个字是相同的。我们再来看看下面的步骤吧！

提取关键字：江湖河山广。

组块化联想：小朋友来到我国的江湖河山游玩，不禁感叹真是广阔啊！

第一组：青海省、陕西省

提取关键字：青陕。

在这里我们可以用一个小技巧：由于陕西省中的“陕”字不太好出图，所以用替换法转化成一个与“陕”字相似的字——“侠”，可以联想到大侠的形象。

组块化联想：在广阔的江湖河山中有一个青大侠在把守。

第二组：黑龙江省、云南省、贵州省、吉林省、辽宁省

提取关键字：黑云贵吉辽。

谐音法转化：黑云贵极了。

组块化联想：俗话说：“春雨贵如油”，在云层中，黑色的云彩非常的昂贵。

第三组：西藏自治区、海南省、安徽省、福建省、浙江省、新疆维吾尔自治区、甘肃省、内蒙古自治区、宁夏回族自治区

提取关键字并转化：西海安福浙新甘蒙夏

谐音法转化：西海——西海龙王、安福——安抚、浙——着、新甘——心肝、蒙夏——萌虾。

组块化联想：西海龙王正在安抚着他的心肝宝贝萌虾。

最后一步的检查修正不要忘了哦！看看自己有没有记得不清楚或转化不顺畅的地方，可以再进行适当调整。另外不要忘了还有台湾省和四川省，最后的两个省级行政区我们可以单独去记忆，不必再编入故事之中了。因为记忆法是一个旨在帮助我们进行高效记忆的灵活方法，如果一个材料很简单，那么我们没有必要花时间去想用什么方法去记忆它，直接复述几遍也是非常不错的方法。

第七节　思维导图

一、思维导图介绍

思维导图又叫心智图，是英国心理学家托尼·博赞先生于20世纪60年代提出的。它是一个可以帮助我们提升逻辑思考能力、创造力、条理性、想象力的思维工具。思维导图可以充分调动左右脑的机能，并利用记忆、阅读、思维的规律，开启人类大脑的无限潜能，也因其简单且高效的特点被人们广泛应用于学习、工作等各个方面。

目前全球有至少2.5亿人通过思维导图成功改变思维习惯。很多著名的大公司、世界名校都在使用思维导图，新加坡更是把思维导图列入了中小学必修课。在中国，思维导图被纳入2017年秋季开始全国使用的部编版语文教材，说明国家层面对学生思维发展的高度重视以及对改善因大量的机械读写、机械记忆使学生丧失学习语文兴趣的重视。思维导图的创始人托尼·博赞认为，记忆法就好像一把锋利的矛而思维导图则是最坚固的盾，两者结合起来将战无不胜。

那么思维导图的原理是什么呢？

思维导图可以帮助我们有效率地组织记忆的内容，最后通过有利于大脑思考的形式展现出来。我们生活中接触的各种事物都可以作为一个主题，并由这个主题从多个维度进行展开。简单来说就是运用图文并重的技巧，把各级主题的关系用相互隶属与相关的分支表现出来，并将主题关键词和图像、颜色等建立起记忆链接。

英国著名的《泰晤士报》曾经这样评价这一托尼·博赞："让人类重新认识大脑，如同斯蒂芬·霍金让人类重新认识了宇宙。"

彩插2的思维导图从托尼·博赞的职位、精神、经历以及心路简要介绍了这位伟大的思维导图发明者。

二、思维导图引例

接下来让我们看看思维导图如何快速记忆一篇小学语文现代文——《桂林山水》（节选）。

《桂林山水》（节选）

人们都说："桂林山水甲天下。"我们乘着木船荡漾在漓江上，来观赏桂林的山水。

我看见过波澜壮阔的大海，玩赏过水平如镜的西湖，却从没看见过漓江这样的水。漓江的水真静啊，静得让你感觉不到它在流动；漓江的水真清啊，清得可以看见江底的沙石；漓江的水真绿啊，绿得仿佛那是一块无瑕的翡翠。船桨激起的微波扩散出一道道水纹，才让你感觉到船在前进，岸在后移。

下面让我们先给这篇文章找一下关键词吧！给你三分钟的时间试一下看

能找到多少关键词？我们来看一下参考答案：

人们都说：“桂林山水甲天下。”我们乘着木船，荡漾在漓江上，来观赏桂林的山水。

我看见过波澜壮阔的大海，玩赏过水平如镜的西湖，却从没看见过漓江这样的水。漓江的水真静啊，静得让你感觉不到它在流动；漓江的水真清啊，清得可以看见江底的沙石；漓江的水真绿啊，绿得仿佛那是一块无瑕的翡翠。船桨激起的微波扩散出一道道水纹，才让你感觉到船在前进，岸在后移。

好的，看过参考答案之后你有什么体会呢？跟参考答案找的关键词是一致还是略有出入？这都没关系！毕竟找关键词没有绝对的正确与否。这里给出的参考答案只是最方便于大多数人的记忆而已，之后经过本书的讲解，相信你不仅可以准确而快速地找到关键词，而且总结概括能力也会提升到一个新的高度。

现在找完了关键词的你有没有感觉依然还是没什么头绪不知从哪里记起呢？没关系，接下来到我们思维导图上场的时候了！看一下下面的导图吧！

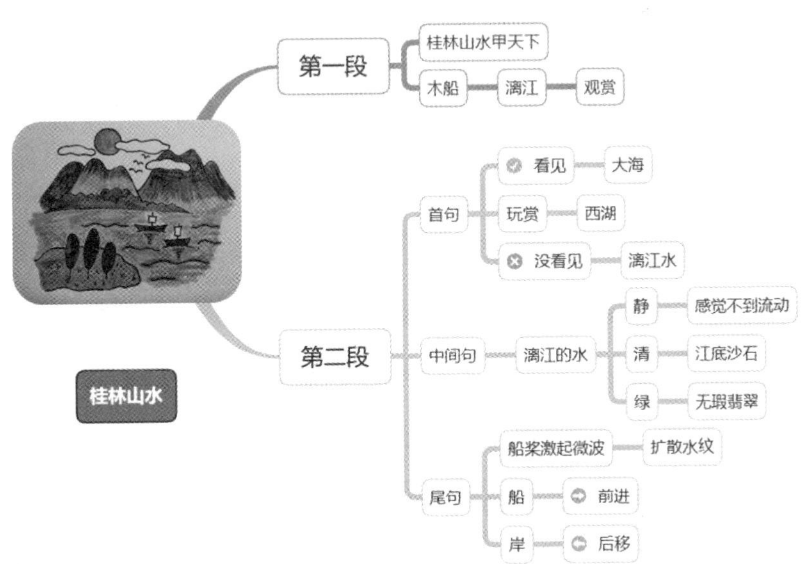

看完了这张思维导图是不是感觉顿时思路就清晰了？没错！这就是思维导图的魅力所在。尤其对于记忆量较大的文科类内容来说，这种有效的“减肥”适合我们在临考前快速建立起知识体系，复习时还可以为我们节省大量的时间。

在绘制完成后，如何进行背诵就是最为关键的一环了。这篇《桂林山水》节选一共有五句话，因此我们可以一句一句地分开并结合彩插3的配图逐一记忆：

<u>第一段</u>

第一句：人们都说：“桂林山水甲天下。”

分析：这句比较简单，可以直接记忆。

第二句：我们乘着木船，荡漾在漓江上，来观赏桂林的山水。

分析：配图（见彩插）中主要体现出在漓江乘坐木船、玩赏美景。

配图解析：船上的小朋友拿着一个放大镜，可以想象到“观赏”。漓江的“漓”谐音成平时经常吃的“梨”。

<u>第二段</u>

第一句：我看见过波澜壮阔的大海，玩赏过水平如镜的西湖，却从没看见过漓江这样的水。

分析：要重点记忆看见过什么和没看见过什么。

配图（见彩插）解析：可以用对号表示“看见（观赏）过”，错号表示“没看见过”。其中“西湖”谐音为我们常吃的“西葫芦”。

第二句：漓江的水真静啊，静得让你感觉不到它在流动；漓江的水真清啊，清得可以看见江底的沙石；漓江的水真绿啊，绿得仿佛那是一块无瑕的翡翠。

配图（见彩插）分析：从漓江的水出发，描绘了漓江水的三个特点：静、清、绿，然后再根据每个特点展开。

第三句：船桨激起的微波扩散出一道道水纹，才让你感觉到船在前进，岸在后移。

配图（见彩插）分析：重点记忆开头的船桨和扩散，以及它们分别激起什么和扩散出什么。至于船和岸，一个向前进，一个向后移，这里可以对比来加深记忆。

三、思维导图实战

接下来就到了我们的实战环节了，让我们来具体学习如何绘制一张思维导图吧！

绘制思维导图的步骤可分为三个阶段：

准备工作——绘制工作——检查工作

1.准备工作

（1）简要浏览，把握内容

思维导图培养我们先考虑整体主题再考虑局部的思维习惯。因此在绘制思维导图时，我们要先对全局有一个大致的了解。这样用思维导图画出的演讲稿或者作文才不会跑题。

例如，我们要记忆一篇文章时会先阅读一遍文章，了解文章共有几个自然段，每个自然段的主题是什么等。此外还要将文章的结构层次理清，即文章从哪几个方面来写，结构上是如何安排的？每个句子之间的逻辑是否有规律？只有先了解文章大致要讲什么，我们才能更好地确定文章的脉络。

（2）找关键词

关键词即我们经常说的“keyword”，抓住关键词就抓住了文章中的核心内容。关键词既可以帮助我们快速定位，又能帮助我们快速回想起文章的内容，起到一个线索的作用。

那么我们该如何寻找关键词呢？

关键词可能是给你留下最深刻印象的概括性词语，也有可能是你自己总结出来的一个词。重点是它们之间的联系能勾起文章的要点。选取关键词时尽量选择可以形象化的实词（如名词、形容词等）。

2.绘制工作

爱因斯坦曾经说过：“我思考问题时不使用语言，而是用生动有形的形象去进行。”这句话恰好说明了形象思维的重要性。因此在准备工作完成后，思维导图的绘制就是核心环节了。

（1）画出中心图

中心图就是一个反映记忆核心主题的图像。因为该图是整张思维导图中最大也是必不可少的一个图，而且放在最中间的位置。因此被称为“中心图”。

中心图一般都放置在一张纸的正中间。在我们画思维导图时要将纸张横过来。这样不仅有利于我们的创作，也有利于我们进行思维的发散联想。思维导图本身对画画的要求并不高，图像主要是起到辅助记忆的作用，所以配图不用十分复杂。例如，儿童简笔画就是一个不错的方式。

中心图绘制要点：

1）中心图的内容与主题相关

例如彩插4的“桂林山水”，我们就以山和水为主要对象，画一幅简单的风景图作为中心图即可。

2）中心图的颜色要尽量在3种或3种以上

选取的颜色最好鲜艳明丽，夺人眼球，尽量不用灰暗的颜色。

3）中心图的大小要适中，一般占一张纸大小的1/9—1/12

将中心图画在纸张的中心位置，图的大小可以根据纸张的大小以及导图的内容多少稍微变化，但总体控制在纸张的1/9—1/12。

（2）确定分支并填入关键词

经济学家巴莱多发现的定律告诉我们：任何一个整体中最重要的都是那只占少数的20%的内容，但是它们将发挥80%的作用。因此我们需要先在文章中寻找关键词，然后将提取出的关键词进行整理，写在每个分支上面。

我们先来看几个有关的概念：

与中心图直接相连的分支我们叫主干也叫一级分支。主干的形状由粗到细，呈牛角状。第一条主干从右上角45°（1点半）左右开始，可以通俗地将主干理解为一级大纲。在主干后面延续出来的线条叫支干，支干可以理解为内容分支。根据层次关系分别称为：二级分支、三级分支、四级分支等。

思维导图的线条从中心图出发，向四周呈水平趋势按照顺时针顺序发散出去，从一个节点到另一个节点彼此连接不能断开，以保持思维的连续性。主干就是将绘制内容按照大方向进行分类，例如上面的思维导图就分为2个主干：第一段、第二段。每个自然段内容作为主干后面的内容支干。画好中心图后，在下面写上与记忆内容相关的主题，比如本图的“桂林山水”，分支绘制完成后，我们要在分支上写上关键词。

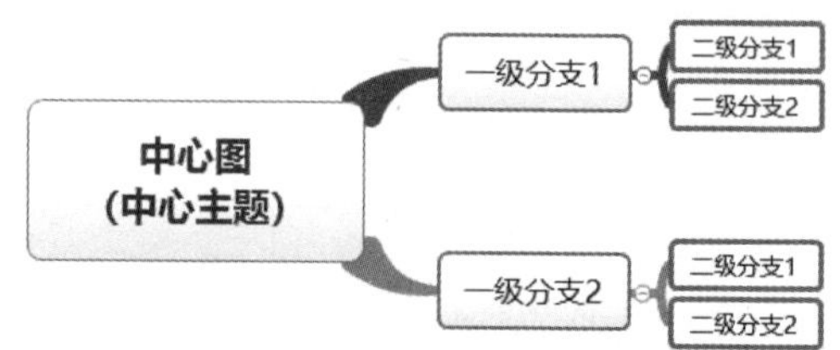

关键词要注意是具体且有意义的，这样才能帮助我们更好地回忆。而且每一级分支的内容所包含的范围要尽可能一致。比如一级分支说的是各种水果，那么二级分支的范围就要更小一点（例如富士苹果等）。

以中心主题——水果为例：

一级分支为：苹果、橘子。

对应二级分支为：富士苹果、砂糖橘。

在这一步我们要关注三个要点：

1）分支上面不要把一整句话都抄上去！最好概括出一个重点的、表达主旨的关键词。

2）将中心图和主干（一级分支）连接起来，然后把一级分支和二级分支连接起来，以此类推。尤其不要将中心图和主干分离开来。

3）思维导图的分支要自然弯曲，不要使用直线。美丽的曲线和分支就像大树的枝杈一样，由粗到细。不仅符合我们认知的特点，同时也有利于我们的高效记忆。

（3）上色

生活在五彩缤纷的世界里，透过色彩，我们获得直观生动的图像。大脑喜欢色彩，丰富的颜色赋予了思维导图生命力，颜色的添加可以给我们一定的视觉冲击。在对思维导图上色时，我们要注意以下几点：

1）每条主干及其分支用同一种颜色。

2）不同主干要用不同的颜色。

3）颜色选择尽量鲜艳，黑色、白色不要选。

4）可以根据主干上的内容选择有关联的颜色。比如春天用绿色、夏天用红色、秋天用黄色、冬天用蓝色、积极乐观的用红色表示等。

（4）配图

配图即在每条分支的关键词后面所绘制的简图。之前提到过思维导图本身对画画的要求并不高，主要目的是起到辅助记忆的作用，这里的简图除了可以是一个图案也可以是一个“标识”。例如，平方分米我们用dm^2来代替、电流表电压表可以用相关的符号来代替。配图的实质是根据重点知识绘制一些增进理解和记忆的简单图，关键在“简单”二字。这样的好处是：不仅可以突出关键词的意思，还有利于提高记忆效率。本书推荐为那些重要的、容易记错的知识点进行配图以辅助记忆，不用把每个分支都进行配图。

3.检查工作

为了使我们的思维导图更加完善，这一步就要对绘制完成的思维导图进行一个整体的检查。

检查的要点包括：哪些是记得不熟悉的地方？哪些知识点之间存在关联？有无写错别字的地方？对于发现的问题还要及时进行补充哦！在补充的过程中既能够给自己以提示，又能加深我们对于知识的记忆，从而起到一举两得的效果。

比如记得不熟悉的地方可以在旁边配图，或者用个五角星等形状进行标记。对于曾经出错的地方也可以用一个特殊的符号进行标记，从而起到提醒的作用。若是知识点之间存在关联，可以用虚线的方式在导图的外围进行连线。注意这里为了和导图的实线分支区分开且不影响整体布局，我们在关联时，要尽量在外围用虚线进行连线，一定不要有线与线的交叉，这样会影响思维导图整体的美观。

检查	补充
记得不熟悉	配图 / 标记
关联知识点	连线
出错的地方	标记

四、思维导图应用

思维导图的应用范围十分广泛。在我们工作学习的各个领域都发挥着重要的作用，例如写作文、公司计划、做笔记等。下面就让我们一起来看看思维导图有哪些具体的应用吧！

1.应用练习1——发散思维

之前提到过思维导图进行思维展开的主要方式就是发散性思维，这种思维能力在我们工作学习中非常重要。发散思维是指大脑在思维时呈现的一种扩散状态的思维模式，是测定创造力的主要标志之一。训练发散思维的同时也会提升创造性思维。

还记得我们小时候经常遇到的组词造句题目吗？下面不妨来测试一下：比如用“鞋”这个字进行组词。你一下子能想到几个呢？只有拖鞋、运动鞋、皮鞋吗？

回过头来看一下我们不难发现：目前我们所想到的词语都是关于鞋的“种类”这一个角度去展开的，所以能想到的词语自然不是很多。这也是很多学生写作文时感到无从下笔，感觉没什么东西可写的关键原因。要想解决这一问题，关键在于训练我们的发散性思维，从多角度展开思考问题。此过程中利用思维导

图绝对不失为一种绝佳方案。下面来看看这幅关于“鞋”组词的思维导图吧：

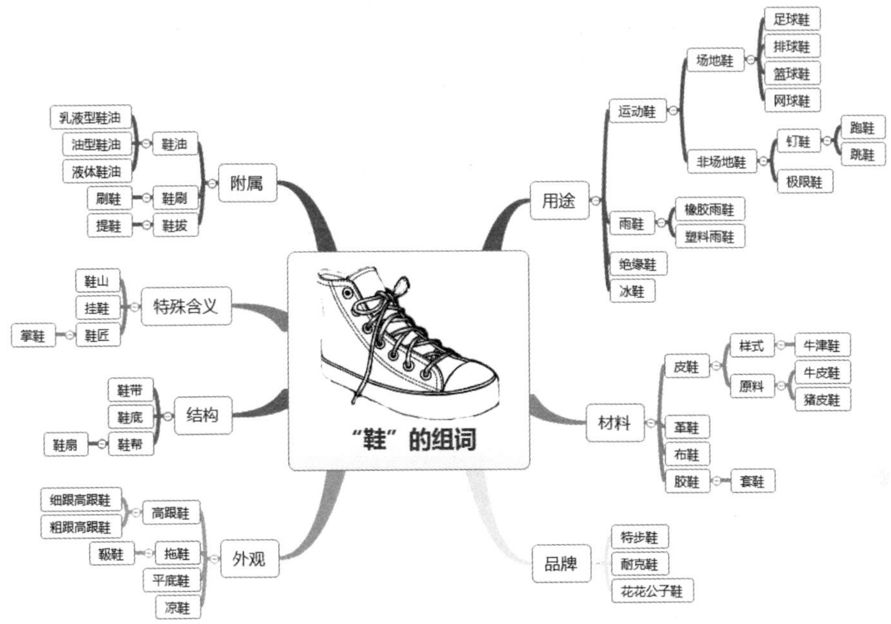

感觉怎么样？是不是思路完全打开了呢？

一张思维导图轻松地列出了50个组词。如果沿着这个思路继续想下去甚至可以想到100个、200个甚至更多。对的，这就是思维导图的神奇之处。甚至一位科学家在讲座的时候轻松列举出了关于一个小小曲别针的300多种用途。这也证明了，我们每个人都具有无限的创造力，可能很多平时想象不到的具有什么用途的东西，它的作用会远超乎你的想象哦！

2.应用练习2——文科知识

马克思主义基本原理概论中，马克思主义哲学部分很多知识点很琐碎，记起来难度较大，因此很多同学理解得不是很透彻。这也是文科以及考研政治重点和难点集中的地方。下面以这张思维导图为例，详细解答可能会在思维导图具体应用中遇到的问题。

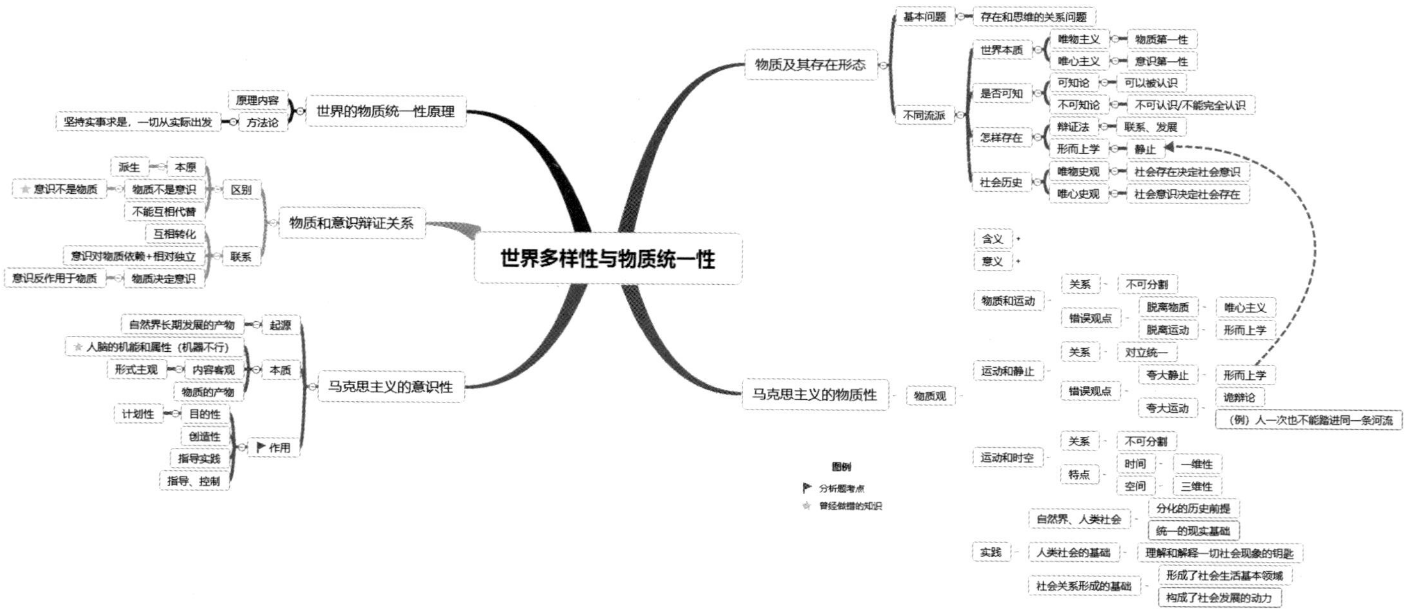

世界多样性与物质统一性

- 物质及其存在形态
  - 基本问题
    - 存在和思维的关系问题
  - 不同流派
    - 世界本质
      - 唯物主义 — 物质第一性
      - 唯心主义 — 意识第一性
    - 是否可知
      - 可知论 — 可以被认识
      - 不可知论 — 不可认识/不能完全认识
    - 怎样存在
      - 辩证法 — 联系、发展
      - 形而上学 — 静止
    - 社会历史
      - 唯物史观 — 社会存在决定社会意识
      - 唯心史观 — 社会意识决定社会存在
- 马克思主义的物质性
  - 物质观
    - 含义
    - 意义
    - 物质和运动
      - 关系 — 不可分割
      - 错误观点
        - 脱离物质 — 唯心主义
        - 脱离运动 — 形而上学
    - 运动和静止
      - 关系 — 对立统一
      - 错误观点
        - 夸大静止 — 形而上学
        - 夸大运动 — 诡辩论；（例）人一次也不能踏进同一条河流
    - 运动和时空
      - 关系 — 不可分割
      - 特点
        - 时间 — 一维性
        - 空间 — 三维性
    - 实践
      - 自然界、人类社会
        - 分化的历史前提
        - 统一的现实基础
      - 人类社会的基础 — 理解和解释一切社会现象的钥匙
      - 社会关系形成的基础
        - 形成了社会生活基本领域
        - 构成了社会发展的动力
- 世界的物质统一性原理
  - 原理内容
  - 方法论 — 坚持实事求是，一切从实际出发
- 物质和意识辩证关系
  - 区别
    - 本原 — 派生
    - 物质不是意识 — ★意识不是物质
    - 不能互相代替
  - 联系
    - 互相转化
    - 意识对物质依赖+相对独立
    - 物质决定意识 — 意识反作用于物质
- 马克思主义的意识性
  - 起源
    - 自然界长期发展的产物
  - 本质
    - ★人脑的机能和属性（机器不行）
    - 内容客观 — 形式主观
    - 物质的产物
  - 作用
    - 目的性 — 计划性
    - 创造性
    - 指导实践
    - 指导、控制

图例

- 分析题考点（旗形符号）
- ★ 曾经做错的知识

（1）物质及其存在形态中分为了基本问题和不同流派两个部分，怎么知道说的是什么的基本问题、什么的不同流派呢？

答：对于这个问题我们首先要清楚本张思维导图的主题是马克思主义基本原理概论中马克思主义哲学的部分。那么肯定说的是哲学的基本问题和哲学的不同流派。这也引出了思维导图的特点，同时也是记忆法的特点——化繁为简。

实际上这符合我们内部语言中简略性的特点。因为它不存在别人是否理解的问题，因此可以用十分简略、概括的形式呈现。而且我们在日常生活中已经习惯将特别容易理解的事情进行简略表达，思维导图就是利用了这一原理，并将它体现得淋漓尽致。

（2）马克思主义的物质性这里提到了物质观的含义和意义，为什么思维导图上并没有把内容写出来呢？

答：其实这个问题还是回到了记忆法的核心特点上。刚才已经说到记忆法的特点就是化繁为简。它的作用和目的就是帮助我们更好地理解，起到一个提示和线索的作用。因此我们只需要把一些最关键的词语写到上面。如果把所有的字都写到上面，这样就变成了“抄书式”学习。就算写得再详细也没有课本上写得详细不是吗？所以这种“抄书式”学习可是不推荐的哦！

对于一些含义、意义和原理内容之类的内容较长、字数较多的知识点不必完全都写上去。当你看到含义、意义和原理内容时只需要在脑海中进行回想，看看自己能不能把它们回忆出来。如果不是很清楚，那么再回去直接看书就好了。并不是说绘制完一个思维导图，书本就可以不要了，书本还是要定期回顾的哦！

（3）这些符号和箭头是什么意思呢？

答：所谓符号就是思维导图的一种特有的方式。比如说我们用小红旗来代表主观题的考点，我们用五角星来代表曾经做错的知识等。

有人可能会问：这些符号可不可以改变呢？

当然可以！你可以选择自己喜欢的符号。你也可以用数字1、2、3去标识重点，甚至是用你喜欢的小动物都没问题。它只是一种符号，意义是你自己决定的，对你来讲只要是有意义的符号就可以。

连线是思维导图中表示“联系”的特有符号。正如我们之前说的：知识是有体系、有逻辑的，知识之间也是互相有关联的。所以我们可以将这种“联系”用虚线进行“连接”，更有利于我们从整体上把握知识结构。

（4）阅读这个思维导图的顺序是什么呢？

答：之前我们在讲思维导图的时候，已经说到思维导图是按照顺时针的方向去进行绘制和阅读的。即物质及其存在状态是第一部分，世界的物质统一性原理是这张思维导图的结尾。阅读的顺序由主干到支干，由中心向四周发散。这样符合我们的阅读习惯和思维特点，也正是思维导图的独特之处。

3.应用练习3——理科知识

生物虽然属于理科，却带有文科的特点。物理和化学注重理解和逻辑推理分析，而生物却有非常多的知识点和信息要求我们必须记下来。很多同学刚接触高中生物时感觉不太适应，背了好多遍感觉还是记不住。原因就在于我们没有形成系统的知识，而是去记忆一个个的“零散”知识点。彩插5的思维导图将生物必修一的部分内容进行了汇总，下面就来一起欣赏一下吧！

本张思维导图仅用一张A4纸，从生物圈到细胞、细胞中元素和化合物、蛋白质和核酸五个角度清晰系统地展现了两大章的知识点，这也充分体现了思维导图高效简洁的特点。

4.应用练习4——做笔记

思维导图不仅能帮助我们进行高效复习、训练思维，还可以用于整理课

堂笔记，比如下面的这个例子：

例题：已知函数$f(x)=ax^3-3x^2+1$，若$f(x)$存在唯一的零点x_0，且$x_0>0$，则a的取值范围是（　　）。

A.（2，+∞）　B.（1，+∞）　C.（−∞，−2）　D.（−∞，−1）

下面是两个同学的课堂笔记：第一个同学的笔记只是将老师上课写的板书完完整整地抄了一遍。这种笔记虽然看起来很详细，但往往容易忽略了老师上课讲的一些重点。此外，这种笔记也完全没有加入自己的思考和总结，印象也不会十分深刻。

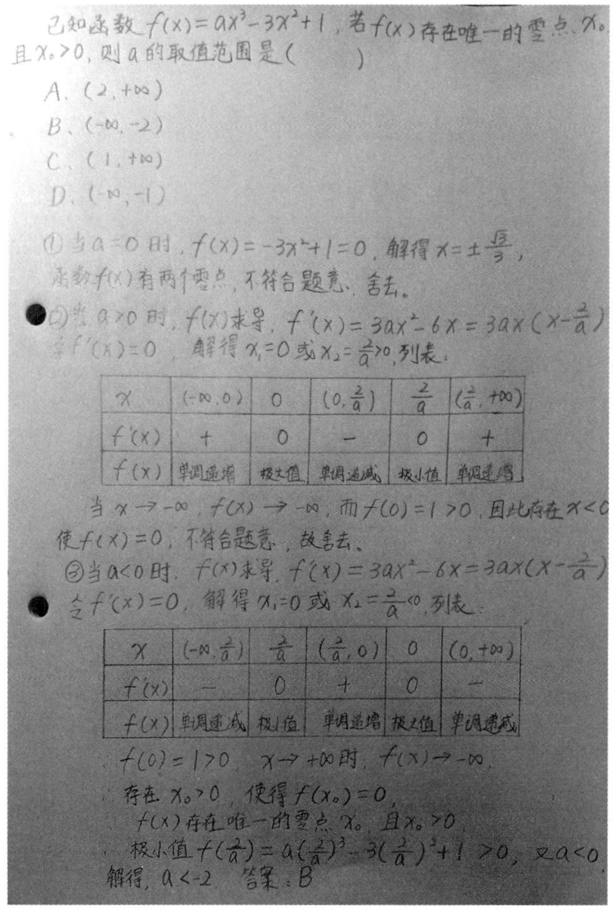

已知函数 $f(x)=ax^3-3x^2+1$，若$f(x)$存在唯一的零点x_0，且$x_0>0$，则a的取值范围是（　　）

A、(2, +∞)

B、(−∞, −2)

C、(1, +∞)

D、(−∞, −1)

①当$a=0$时，$f(x)=-3x^2+1=0$，解得$x=\pm\frac{\sqrt{3}}{3}$，函数$f(x)$有两个零点，不符合题意，舍去。

②当$a>0$时，$f(x)$求导，$f'(x)=3ax^2-6x=3ax(x-\frac{2}{a})$

令$f'(x)=0$，解得$x_1=0$或$x_2=\frac{2}{a}>0$，列表。

x	$(-\infty,0)$	0	$(0,\frac{2}{a})$	$\frac{2}{a}$	$(\frac{2}{a},+\infty)$
$f'(x)$	+	0	−	0	+
$f(x)$	单调递增	极大值	单调递减	极小值	单调递增

当$x\to-\infty$，$f(x)\to-\infty$，而$f(0)=1>0$，因此存在$x<0$使$f(x)=0$，不符合题意，故舍去。

③当$a<0$时，$f(x)$求导，$f'(x)=3ax^2-6x=3ax(x-\frac{2}{a})$

令$f'(x)=0$，解得$x_1=0$或$x_2=\frac{2}{a}<0$，列表。

x	$(-\infty,\frac{2}{a})$	$\frac{2}{a}$	$(\frac{2}{a},0)$	0	$(0,+\infty)$
$f'(x)$	−	0	+	0	−
$f(x)$	单调递减	极小值	单调递增	极大值	单调递减

$\because f(0)=1>0$，$x\to+\infty$时，$f(x)\to-\infty$，

$\therefore$存在$x_0>0$，使得$f(x_0)=0$，

$\because f(x)$存在唯一的零点x_0，且$x_0>0$

$\therefore$极小值$f(\frac{2}{a})=a(\frac{2}{a})^3-3(\frac{2}{a})^2+1>0$，又$a<0$

解得，$a<-2$　答案：B

我们再来看看第二个同学的笔记。这位同学就很好地利用了思维导图工具，将老师上课的板书进行了整理，用画图的方式将函数图像清晰地展现在了笔记上，而且分情况讨论也体现得清晰明了。这样做笔记，能够更加直观地突出重难点；使笔记富有条理性，方便记忆；有利于更好地集中注意力听课。

对比一下这两种笔记的风格，你更喜欢哪一种呢？

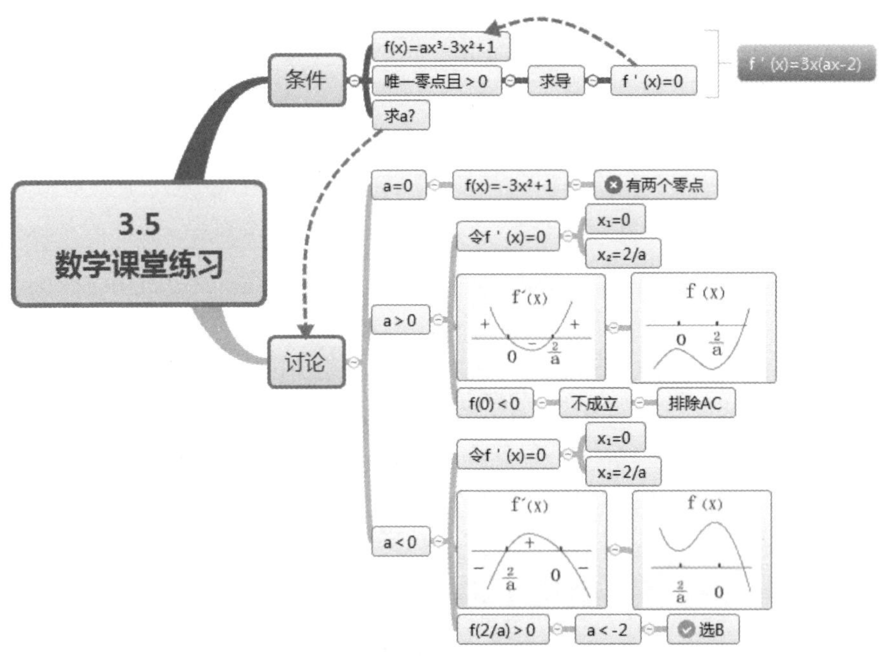

5.应用练习5——职称考试

职称往往是一个行业的“准入证”，其重要程度是不言而喻的。随着近年来参加职称考试的人数越来越多，备考难度也在逐年增加。思维导图作为一种帮助学习的思维工具，是应对职称考试的利器！

这里只简单列举了教师资格证考试中教学知识与能力中的一节。本张思维导图从教育的属性、教育的功能、教育的起源、教育的发展四个维度进行展开。至于思维导图的其他领域应用部分将在后面以专题的形式进行详细介绍。

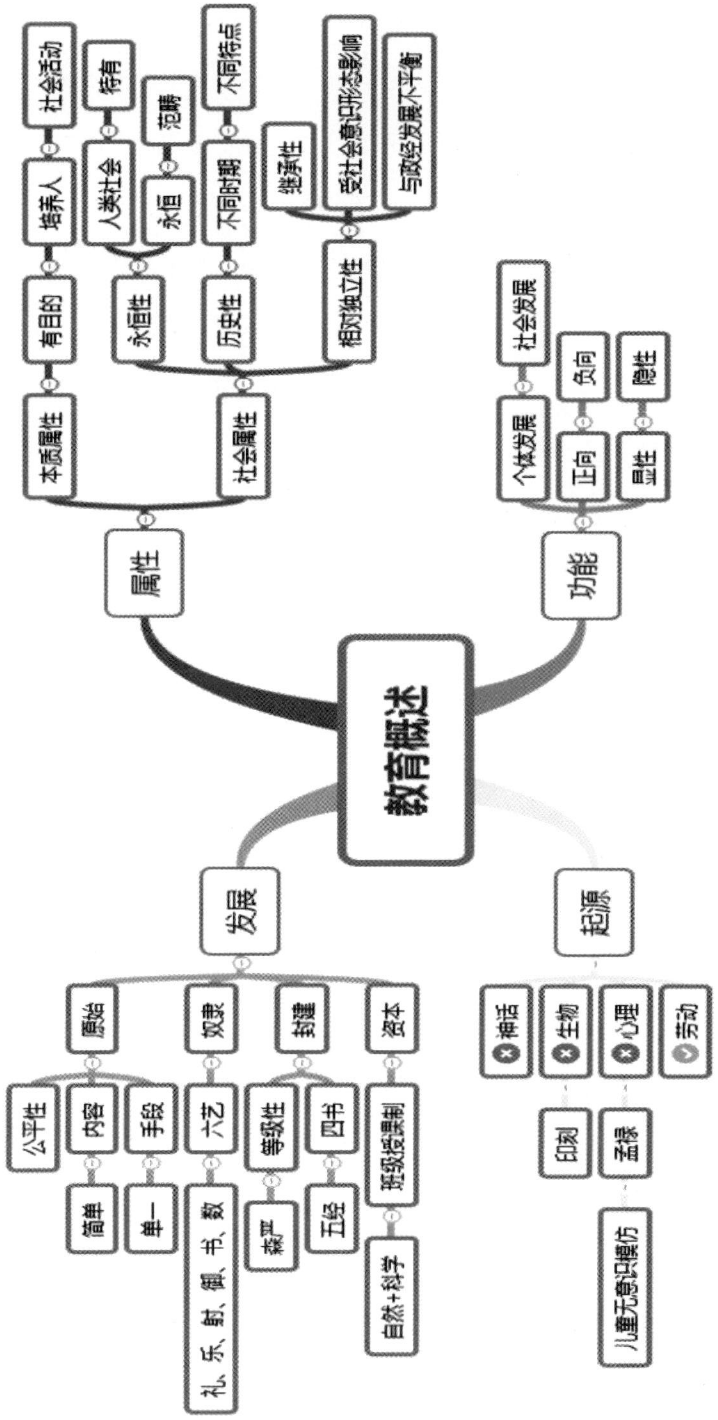

- 教育概述
  - 属性
    - 本质属性
      - 有目的
        - 培养人
          - 社会活动
    - 社会属性
      - 永恒性
        - 人类社会
          - 特有
        - 永恒
          - 范畴
      - 历史性
        - 不同时期
          - 不同特点
      - 相对独立性
        - 继承性
        - 受社会意识形态影响
        - 与政经发展不平衡
  - 功能
    - 个体发展
      - 社会发展
    - 正向
      - 负向
    - 显性
      - 隐性
  - 发展
    - 原始
      - 公平性
      - 内容
        - 简单
      - 手段
        - 单一
    - 奴隶
      - 六艺
        - 礼、乐、射、御、书、数
    - 封建
      - 等级性
        - 森严
      - 四书
        - 五经
    - 资本
      - 班级授课制
        - 自然+科学
  - 起源
    - ✗ 神话
    - ✗ 生物
      - 印刻
    - ✗ 心理
      - 孟禄
        - 儿童无意识模仿
    - ✓ 劳动

第四章 三大记忆策略之三——精细加工策略

第一节 规律记忆法

规律是事物内在的、本质的、必然的联系。我们要想真正把握事物，就要认识事物的规律。马克思主义哲学告诉我们规律是具有普遍性的，自然界、人类社会及其运动变化和发展都是有规律的。规律记忆法就是寻找记忆对象中本质的、必然的联系并以此记忆的方法。

我们在记忆时要善于发现材料中的规律，还记得我们小学时候做过的找规律填数字问题吗？

例1：记住下面的一串数字3，6，9，15，24，39，63

如果你发现了后一个数字是前两个数字的和这个规律，那么记住这一长串数字自然不在话下。即便其中的某个忘了，也可以根据前后的数字推理出来。相反，如果没有发现规律地死记硬背，效果自然就会差得多了。

例2：巧记历史事件——1900年八国联军侵华

我们观察数字之间的规律不难发现。1900中的数字19倒过来可以联想成9−1=8，而8又可以上下拆分成两个零。这样正好对应八国联军侵华的第一个字。是不是通过找到信息之间的规律，就轻松地记住了这个知识点呢？

例3：文言文段落速记

子曰：“吾十有五而志于学，三十而立，四十而不惑，五十而知天命，六十而耳顺，七十而从心所欲，不逾矩。”——《论语·为政》

这段文字讲的是，一个人在人生的不同阶段应该做每个阶段的不同任

务，因此我们可以按照“时间轴法”来进行串联记忆。在这个例子中，通过仔细阅读我们不难发现，除了第一阶段的十五岁外，其余的年龄都是整十的数字，而且每隔十年就进入一个新的阶段。掌握了这个规律再背起来是不是轻松多了呢？

例4：英语时态轻松学

你知道在英语中一共有多少种时态吗？你能准确地说出每种时态的名字吗？经过测试，大部分的同学往往不能给出完整答案。究其原因，是没有掌握其中的规律。其实，只要我们把握住其中的规律就可以轻松解决这个问题了。

英语中的所有时态都可以归纳为以下两个维度：

维度1——时间：过去、现在、将来、过去将来。

维度2——状态：一般、进行、完成、完成进行。

最后我们把它形成一个二维坐标图的形式，16种时态便可以更加直观地体现它们之间的规律，通过下面这张图，4乘4一共16种时态清晰地呈现在我们眼前了。

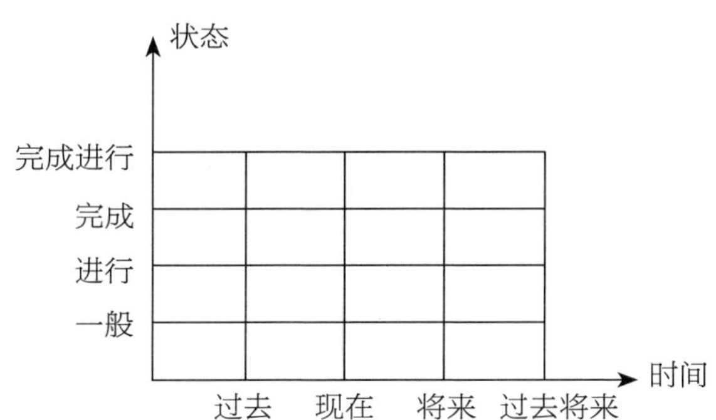

例5：秒记中文汉字

我们小时候都学过一个稍微复杂的汉字——“赢”

通过观察不难发现：“赢”字是由以前学过的“亡”“口”“月”

“贝”“凡”五个单独的字组合而成的。因此只要把握住这一规律，再记的时候就会事半功倍了。

再比如贪赃的“赃”字有人容易误写成“脏”。这实际上是没有理解这两个字的含义而导致的错误。我们可以采用规律记忆法对易混字做以区分。因为最早的货币出现在夏商时代，货币并非金属而是贝壳，所以贝字旁的字一般都与金钱有关系。接下来就可以利用想象力想成：贪赃的人都十分喜欢贝壳，以后再分辨这两个字便轻而易举了。

例6：元素周期表与元素周期律

如果在学习理科类规律性较强的知识时，能善于发现并总结其中的规律，效率自然会成倍提高。下面以高中化学中十分重要但同学们掌握起来又不是很迅速的元素周期表与元素周期律为例。

经过总结和提炼，在这个专题中共归纳出了四条核心规律，它们分别是：

规律1——元素周期表的结构分为横行和竖列，根据横行我们又把其分成短周期和长周期，根据竖列我们又把它分为主族元素、副族元素等。

规律2——元素周期表同一周期由左到右非金属性逐渐增强，同一主族由上到下金属性逐渐增强。

规律3——元素的核外电子层数等于元素周期表的周期数，最外层电子数与族序数相等。

规律4——核外电子的排布遵循三个规律：能量最低原理、每层最多容纳 $2n^2$ 个电子、最外层小于或等于 8 个电子。

找到了元素周期表与元素周期律之间的规律是不是理解更深刻了呢？接下来我们用前面讲过的思维导图再来总结一下吧！

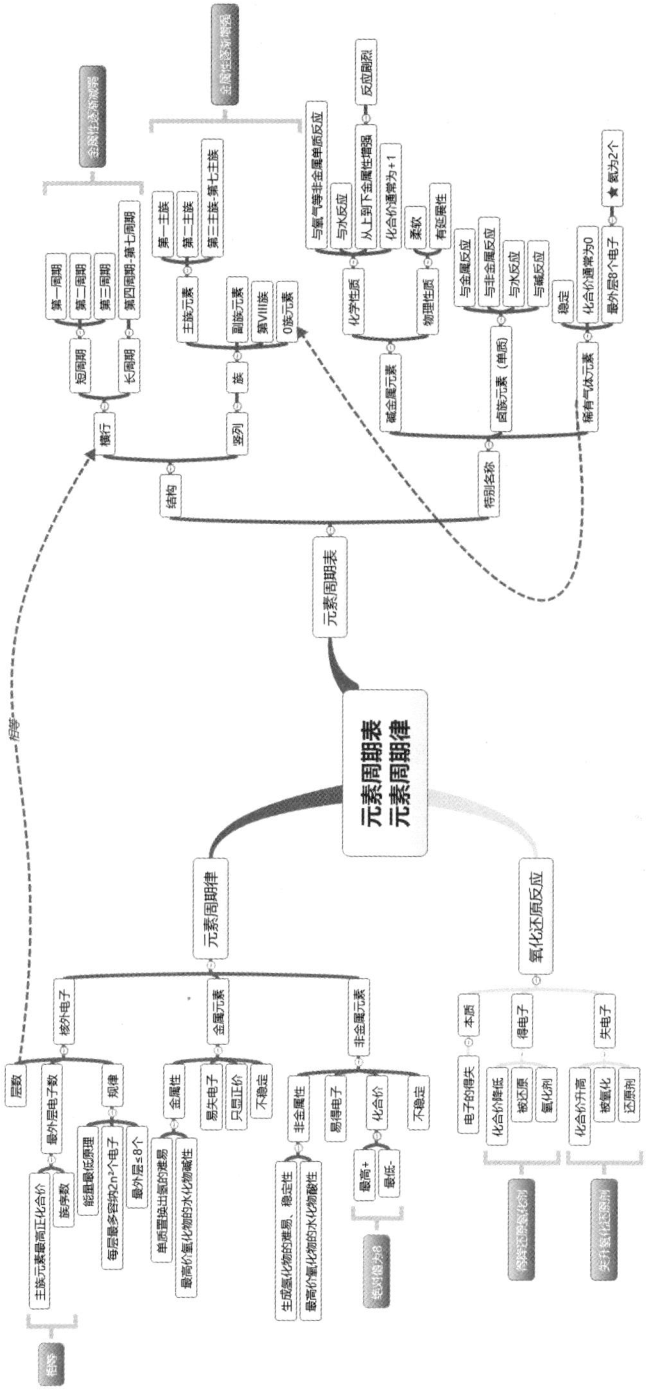

元素周期表 元素周期律

- 元素周期表
  - 结构
    - 横行
      - 短周期
        - 第一周期
        - 第二周期
        - 第三周期
      - 长周期
        - 第四周期-第七周期
      - （金属性逐渐减弱）
    - 竖列
      - 族
        - 主族元素
          - 第一主族
          - 第二主族
          - 第三主族-第七主族
        - 副族元素
        - 第VIII族
        - 0族元素
        - （金属性逐渐增强）
  - 特别名称
    - 碱金属元素
      - 化学性质
        - 与氧气等非金属单质反应
        - 与水反应
        - 从上到下金属性增强
          - 反应剧烈
        - 化合价通常为+1
      - 物理性质
        - 柔软
        - 有延展性
    - 卤族元素（单质）
      - 与金属反应
      - 与非金属反应
      - 与水反应
      - 与碱反应
    - 稀有气体元素
      - 稳定
      - 化合价通常为0
      - 最外层8个电子
        - ★ 氦为2个
- 元素周期律
  - 核外电子
    - 层数（与“横行”相等）
    - 最外层电子数
      - 主族元素最高正化合价
      - 族序数
      - （相等）
    - 规律
      - 能量最低原理
      - 每层最多容纳$2n^2$个电子
      - 最外层≤8个
  - 金属元素
    - 金属性
      - 单质置换出氢的难易
      - 最高价氧化物的水化物碱性
    - 易失电子
    - 只显正价
    - 不稳定
  - 非金属元素
    - 非金属性
      - 生成氢化物的难易、稳定性
      - 最高价氧化物的水化物酸性
    - 易得电子
    - 化合价
      - 最高+
      - 最低-
      - （绝对值为8）
    - 不稳定
- 氧化还原反应
  - 本质
    - 电子的得失
  - 得电子
    - 化合价降低
    - 被还原
    - 氧化剂
    - （得降还原氧化剂）
  - 失电子
    - 化合价升高
    - 被氧化
    - 还原剂
    - （失升氧化还原剂）

第二节　理解记忆法

顾名思义，理解记忆法就是在理解材料的基础上进行记忆。理解的实质是利用已有知识，经过思考把握材料的内部联系。正如教育学家苏霍姆林斯基所说："记忆没理解的规则，会导致肤浅的知识，而肤浅的知识是不能保持在记忆里的。"

教育心理学家斯皮罗等人认为，通过对理解的深化可以促进知识的灵活迁移。斯皮罗还提出了"随机通达教学"的观点，对同一内容，学习者要在不同的时间、重新安排的情境中、带着不同的目的以及从不同的角度进行多次反复的学习，以把握概念的复杂性并促进知识之间的迁移。这给我们的启示是：在教学过程中，要深化学生对知识的理解，即"为理解而教学"。

如果还没有理解内容就背，吸收的效果往往会大打折扣。这种还没有理解材料的内容就记忆的方式称为机械记忆。相对机械记忆而言，理解记忆往往给我们带来更多学习的乐趣，带着理解去记忆在获取知识的同时还带着一种积极的情绪。长此以往，会使得新的知识融入我们已有的认知结构中，不久你也可以成为这个领域里的专家。

回想一下学生时代在上语文课时，老师对一篇古诗和课文通常不是上来直接讲的。而是先介绍古诗的写作背景、作者生平经历等。这都有利于我们理解文章内容以及掌握其中的规律，从而达到强化理解和记忆的目的。

比如我们在背postgraduate （研究生）这个词时可以把它进行拆分：post—后，后面；graduate 毕业两部分。这样就可以理解记忆成：大学毕业后继续学习的人被称为研究生。对于词组"an apple of love"，肯定有不少同学会直译为"爱情之果"，实际上它的意思却是"西红柿"。这其实与西

方语言文化有关。如果你不理解它的含义，是不是就容易造成歧义呢？

再比如我们学到李白的《闻王昌龄左迁龙标遥有此寄》中的“杨花落尽子规啼，闻道龙标过五溪。”如果不能理解“左迁”“龙标”“杨花”“子规”所代表的含义与意象，那么就无法了解诗人对朋友王昌龄所表达的怀才不遇的惋惜与同情。相反，如果能清楚地把握整首诗的写作背景和思想感情，再来记忆古诗自然能达到事半功倍的效果了。

又比如我们在刚学习开车的时候，相信很多新手都会被各种图标所困扰，更何况那些长得相似的图标。其实只要理解了这些图标代表的含义，记忆起来就会非常轻松了！

其中远光灯光线较为集中，亮点大，可以照射到更高更远的地方，因此用平直的线来表示远光灯的光线。近光灯照射角度的距离近，相比远光灯照射的范围小，因此用向下的直线来表示近光灯的光线。前雾灯和后雾灯与远光灯近光灯的主要区别是有一个弯曲的线穿过光线，可以把这条“弯曲的线”理解为浓雾笼罩的光线。至于分辨前雾灯和后雾灯就更加简单了，前雾灯的光线在前面，而后雾灯的光线在后面。

第三节　笔记记忆法

俗话说：“好记性不如烂笔头”。作为一名学生，笔记伴随我们几乎整个学生时代。记笔记不但能够帮助我们理解课堂的思路和逻辑，更重要的是可以帮助我们加深对内容的理解，在复习时可以快速回忆起课堂上的重点，因此记笔记不论在内容整理还是知识建构上都起着不可替代的作用。

笔记记忆法能帮助我们保持高效记忆的原因在于：在记笔记的过程中，我们会加入一些独立思考，加入一些个人的标记和注释。这些标记和注释充分利用了知觉的选择性原理，不仅可以引起大脑的注意，也能加深对材料的记忆程度。例如我们用红色标记所有需要背诵的一级重点，用绿色标记所有需要理解的二级重点等。

笔记的形式常用的一种是课堂笔记，另一种是读书笔记。有些同学对课堂笔记的作用了解得不是很深，以为只是简单地抄一下板书。实际上，如何高效记录课堂笔记对我们的学习和回忆知识都至关重要。

课堂笔记的优势主要体现在两个方面：

1.充分利用多感觉通道（手、眼、脑高度配合）进行参与，能够更好地提高学习的积极性。

2.帮助克服大脑的记忆局限，有利于课后复习时更快地把握重点内容。

读书笔记与课堂笔记类似，但又略有不同：

1.加深对书的理解。相当于将别人的语言转化为自己的语言。

2.方便更好地把握文章的结构。

此外如何充分利用笔记来帮助我们更有效率地学习和记忆也是一种智慧。这里提出下面的几点建议：

一、合理安排笔记结构

将笔记左边留的位置多一些，作为笔记的主体部分。这部分可以记录一节课的主要内容或框架梳理，用列提纲或者思维导图的方式写一些重要的内容以及书中精彩的摘抄等。将右边大概三分之一的位置空出来作为补充部分，这部分可以记录一节课或一篇文章中暂时不懂或者模糊的内容。此外，

一些课堂或书本上没有的，自己的心得体会也可以记录下来。

更重要的是，笔记完成可不意味着大功告成了，在习题和作业中遇到和笔记中有关联的内容也要及时进行补充哦！只有这样才能利用笔记建立起知识之间的桥梁，使知识更加系统化。不同的知识通过相互关联构成了一个个体系，所以我们在记笔记时可以选择将相互之间有联系的内容进行“超链接”，这样有利于我们从整体上把握知识体系和脉络。

二、重点分配原则

在做笔记时，我们还应该把精力分配在重要内容上面。尤其是课堂上老师强调的重点以及提醒同学们注意的地方。读书笔记则不用将书中的内容大段地摘抄，只摘抄那些精华的部分或者精彩的句子即可。因为每个人的经验和记笔记的形式不同，所以同样的内容每个人的笔记都会不同。在笔记不同的位置可以用不同颜色的笔加以强调，同时配上一些注释做以说明，避免之后复习的时候产生遗忘。

三、“灵活”省略原则

记笔记的主要作用在于服务自己，至于别人看不看得懂并不十分关键。因此详细时可以逐字逐句，简略时则可寥寥数笔，这就是所谓的“灵活”原则。一个简单的符号或者简单的几个字，只要能帮助你回想起当时的学习内容就是一个完美的笔记。

总而言之，笔记作为一种帮助我们学习和记忆的手段，具有十分突出的优势。但值得注意的是，课上写完笔记并不意味着真正掌握，笔记需要随着学习的不断加深逐渐补充，日后还需要反复学习。由于课堂上时间较为紧迫，而且要兼顾记笔记和听课，因此课后进行整理、补充、归纳就成了一个关键环节。

第四节　动作记忆法

动作记忆是以操作过的动作、运动、活动为内容的记忆。如对学过的体操、某种习惯动作等的记忆。动作记忆是形象记忆的一种特殊形式，具体来说，动作记忆法是指通过单个或多个动作形成一套动作系统来辅助我们记忆的方法。在世界记忆锦标赛的舞台上，很多选手记忆的同时会有规律性地点头或晃头。这其实就是利用规律的动作来辅助记忆的方法，这种动作有利于进入选手们自己的记忆节奏。

著名记忆专家王维先生曾经强调过这种方法。例如，当背到“两岸猿声啼不住，轻舟已过万重山”时，教学生们单足立起，一只手掌举过头顶，模拟猴拳。这样不仅可以提升学生学习古诗文的兴趣，还可以对学生的联想能力产生很大帮助。动作记忆法最大的特点就是灵活，不受内容形式和学科的限制。

下面我们来看一个心理学专业课的知识点：

大脑四个部分（额叶、顶叶、颞叶、枕叶）的成熟顺序为：枕叶——颞叶——顶叶——额叶。其中额叶是在额头的位置，枕叶在我们的后脑勺位置，按照四个部分的位置，我们只需要用手从后脑勺的位置到额头“比划”上一圈便可轻松记住了。这种利用动作记忆的方式是不是速度更快而且充满了趣味呢？

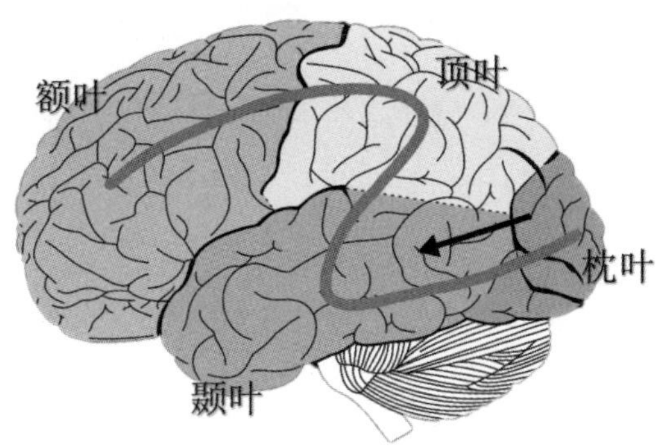

肌肉记忆是一种典型的依靠动作的记忆方法。比如说国旗护卫队训练正步走时要求每一步长都是75厘米。长期刻苦的正步走训练使得他们的肌肉产生了深刻记忆。而这种肌肉记忆的特点是十分精确且基本上不会出错，其反应速度也是所有记忆中最快的，几乎不占用太多的反应时间，这也就解释了为什么他们能在数万次升旗任务中成就“零失误”的成绩。

再比如现实生活中我们经常练习一个武术动作，多年以后可能我们已经忘记了当初学习时书本上具体的内容，但一旦遭受突然攻击时，你依然可以下意识做出对应动作出来。这都是运动记忆作用的结果。相比于其他形式，这种记忆通常会保持相当长的时间。

第五节　联想记忆法

一、联想记忆法概述

俗话说“万丈高楼平地起”。联想就好像记忆这座“大厦”的基石。联想的本质是把新信息跟我们熟悉的信息进行关联，在信息之间嵌入“关联点”，类似黏合剂一样将不同信息关联在一起。这并不会影响记忆效果，相反，联想可以显著提高记忆效率。不仅如此，联想还能使想象力、专注力得到很大的提升。

联想往往和想象一同使用。联想不但有利于巩固记忆，还有利于让我们更敏捷地回忆起所记住的信息。比如我们看到一条绳子，有可能把它联想成一条蛇，会被它的突然出现吓一跳。正所谓“一朝被蛇咬，十年怕井绳”。或者我们背诵一首诗，我们会根据诗句的描写，联想出诗的意境，进而更好地理解诗人的创作背景和表达思想。如“绿蚁新醅酒，红泥小火炉。晚来天欲雪，能饮一杯无？”一边读诗，一边在脑海中根据诗句联想出诗中描绘的画面，再回过头来进行记忆就轻松多了。不论生活还是学习中，如果我们将联想的方法运用得当，则会大幅提高记忆效率，起到事半功倍的效果。

联想记忆法是一种应用非常广泛的记忆法。巴甫洛夫指出：“记忆要靠联想，而联想则是新旧知识建立联系的产物。旧知识积累越多，新知识联系越广，就越容易理解和记住新知识。”我们在记忆新知识时，实质上就是把新知识与旧知识之间的联系掌握了，新知识也就被我们掌握了。记忆法的原则很重要的一点就是以熟记新。我们每个人的大脑中都有自己的内部经验。构成联想的方式不同，就会产生不同的记忆效果。

二、联想的应用

联想可以分为横向联想和纵向联想。横向联想指的是我们由一个中心主题散发出多种维度的联想。例如，我们以一个中心词“地球”为例，从相近、相似、类比、因果等多角度展开联想。

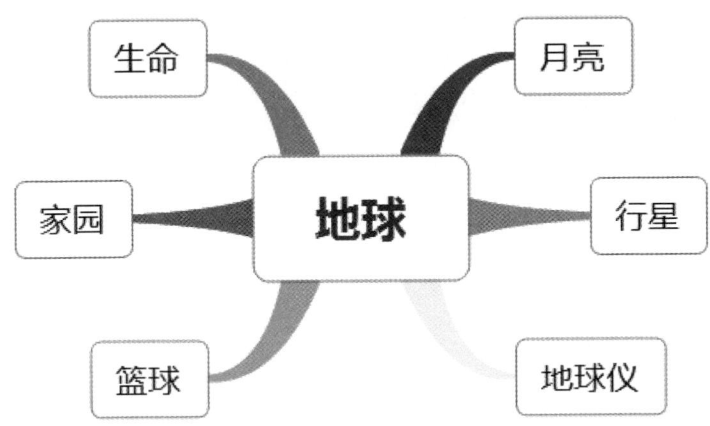

再来看一个以“汽车”为中心词的展开：

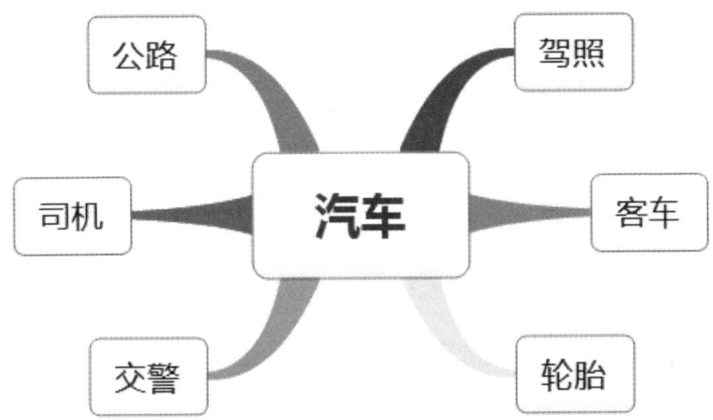

其实这种联想的方式不仅可以在中文方面得以运用。对于英语单词和词组来说，横向联想更能体现出巨大的作用！

例如我们回忆一下在英语词组中含有“give”这个单词的词组都有哪些呢？下面给大家举一些例子：

give off 释放，放出（气体等）

give out 用光、用尽

give away 泄露，背叛

give back 归还

常考的以give开头的词组，记忆的关键在于记住give后面的单词与汉语意思的关联。

下面来看具体的记忆过程：

off作为副词有离开的意思。

联想：当一个煤气罐的阀门离开煤气罐的时候，就会释放出很多的气体。

out作为副词有“出来”的意思。

联想：我们家这个月的消费已经超出预算了，钱都用光了。（可理解为从预算中超出来）

away作为副词有去别处，远离的意思。

联想：你的一个好朋友打算远离你到别处，可能想要泄露你的秘密并且背叛你。

back在词组中有“回来，返回”的意思。

联想：之前给出去的东西现在又回来了→归还。

接下来我们还可以利用纵向联想，比如以我们刚记过的back为例。

作动词：

back against 面对，反对

back out 不遵守；退出；放弃

作名词：

back to back 背靠背

at sb's back 幕后支持

at the back 在后部

作形容词：

back yard 后院

back door 后门

back seats 后座

作副词：

answer back 反驳，回嘴；还击

back and forth 来来回回地

turn back （使）折回，往回走

win back 赢回，夺回

我们接下来试一下中文词组的纵向联想吧！比如我们由“车牌”往下联想你能联想到什么呢？大家要尽可能一直联想下去，这对我们的联想能力和记忆能力的提升都十分有帮助哦！

例如：车牌——汽车——轮胎——马路——井盖——垃圾桶——饮料瓶——牛奶——早餐——餐桌——灯光……

具体应用时，根据记忆内容的不同，可分为三种联想方法：直接联想法、两两对应联想法、串联联想法。

1.直接联想法

比如记忆诗句“千里黄云白日曛，北风吹雁雪纷纷”，我们可以根据诗句的含义直接在大脑中联想出对应画面：厚厚的黄云盖顶，寒冷的北风呼啸，大雪漫天。

这种方法还适合背诵现代文的描写画面，可以一边读，一边构建文中的画面。简单说就是看到什么内容，直接根据内容展开联想。使用这种方法的前提是记忆的内容画面感很强，不需要进行太多的“加工”。比如小说中的故事情节，一般不需要什么技巧，只要跟着作者的描写就能浮想联翩。相对于一些理论性很强的专业书籍，大脑“出图”的效果就会很差。这也是为什么我们更喜欢阅读一些故事性强的书籍，而看专业书籍的时候就容易打瞌睡，根本原因在于我们的大脑更偏好于处理图像信息。

2.两两对应联想法

这种方法适合记忆“匹配”知识点。比如诗人的称号、历史事件和日期等需要关联在一起记忆的材料。比如，白居易被称为“诗魔”。简单分析可知，只需要把白居易和他的称谓两个信息关联到一起，便完成了记忆。可以这样联想：白居易写诗出神入化，在他的笔下好像有魔力一样可以轻松写出优美的诗篇。

下面来一个小测试：

你如何联想男人、薯条两个词语？

我想大部分人可能都会想成一个男人在吃薯条吧！但这种联想太平常化，一般不会留下深刻的印象。毕竟这种现象在我们日常生活中太普遍了。大家想象一下，如果出现的画面是男人把薯条插进了鼻孔里，你的感觉如何呢？这个动作人们通常是不会做的，因此如果男人做了就会与众不同且吸引我们的注意，从而让大脑对这一现象记忆深刻。

试想一下当你走在大街上，人来人往，哪些人或者哪个人会让你只见一眼就记住呢？这个人一定是与众不同的，吸引了你的眼球。比如一个戴了特别夸张的帽子的女士、一个光脚的男人、一个满头白发的青年女子……

所以我们运用联想方法记忆的时候，一定要创造夸张、生动形象。必要时可以把自己作为“主角”联想进去。想想一个男人把薯条插进了你的鼻孔；或者你把一堆薯条插进了男人的鼻孔。你自己亲身经历的画面，感受会更强，记忆也会更深刻。

下面就让我们开动自己的大脑，在联想的世界中尽情遨游吧！看两个关

于关联信息记忆的例子：

（1）历史事件记忆

在中华文明五千年的历史长河中，历史年代和事件的记忆尤为重要，这也是考试重点考查的内容。今天就让我们一起看看历史事件的记忆究竟该如何搞定吧！

①公元前1600年——商朝建立

记忆：前面一路（16）上的商店（商朝）卖的都是望远镜（00）。

②公元132年——张衡发明地动仪

记忆：张衡发明的地动仪非常灵敏，即使一把扇儿（132）扇出的风它都能感应得到。

③1839年——林则徐虎门销烟

记忆：林则徐把鸦片全都销毁了，为了庆祝拿了一把香蕉（1839）吃。

（2）国家首都记忆

首都，又称国都、都城。首都通常是国家主权的象征城市，你能说出哪些国家的首都呢？我们一起来看下面的例子吧！

①柬埔寨——金边

②老挝——万象

③波兰——华沙

④加拿大——渥太华

记忆：

①柬埔寨——金边：一个看起来这么简朴寨子（柬埔寨）的屋顶竟然镶着金边！

②老挝——万象：有一万头大象争先恐后地奔跑着回了老窝（老挝）。

③波兰——华沙：他竟然能在波澜（波兰）壮阔的大海中滑沙（华沙）！

④加拿大——渥太华：加拿大对应首都渥太华要重点强调一下，因为这里用到了一个替换的法则。对加拿大我们印象最深的莫过于“枫叶”标志了，所以我们在记忆时可以用枫叶标志进行代替。记忆过程如下：枫叶握上去感觉太滑（渥太华）了，根本握不住啊！

3.串联联想法

要记忆的信息有三条以上的时候，可以通过串联联想完成记忆。就好像一根锁链一环套一环，把所有信息串到一起形成一个整体，从而可以由一个回忆出全部，因此也有人管串联联想法叫作“锁链法”。

比如记忆唐宋八大家：唐代柳宗元、韩愈和宋代欧阳修、苏洵、苏轼、苏辙、王安石、曾巩八位。

联想过程：柳（柳宗元）树在寒（韩愈）冷的风中等待朝阳（欧阳修），身后还有三棵树（三苏），树旁有个国王安详地坐在石头（王安石）上听冯巩（曾巩）说相声。

虽然每个词之间看似没有直接逻辑联系，但通过非逻辑联想，我们可以把非逻辑信息转化成有逻辑的信息。这也是记忆法一个非常重要的特点，即建立非逻辑之间的联想，就好像锁链一样把内容串在一起。

串联联想法中大量用到了联想，学习如何进行联想对新手来说至关重要，同时也是记忆法的核心学习内容。联想的时候要注意三个原则：图像化、夸张、关己。利用好这三个原则，我们才能在之后的联想中找到最“优秀”的联想方式，一个好的联想可以给我们的记忆带来诸多便利。下面就来一起了解一下这三大原则：

（1）图像化

联想和图像化是相互依存的，从左右脑分工角度来看，右脑主要负责处理图像信息，而这一能力要比左脑处理文字信息高出很多倍。正因如此，图像化原则也是联想中的首要原则。

图像化原则是指通过联想，将抽象的文字信息转化成大脑喜欢的图像信息，而这些图像信息又是具体、形象的，不是模糊和抽象的。就好比相对于密密麻麻的文字，我们更喜欢看漫画书。所以对于联想来说，图像的呈现是提高记忆效率的有效保证。

（2）夸张

夸张原则是指我们在联想时，要通过感受强烈信息或放大较微弱的信息造成强烈的印象。有的类似知识点容易混淆，原因在于没有充分发掘出各自的特征。生活中那些平淡无奇的场景往往很难令人记住，而那些荒诞夸张的图片和动作则会使人印象深刻。

我们在记忆蚂蚁和大象这两个词时，可以想象一只巨大的蚂蚁爬到了大象身上，竟然还一下把大象压垮了！再比如，记忆筷子和河流这两个词时，可以想象此时你的手里正拿着一双巨大的筷子搅动河流里的水，可以在脑海中无限地放大或者缩小这根筷子，想象这双筷子就像孙悟空的如意金箍棒，一声“大”可以变得高耸入云，一声“小”可以缩小到像沙粒一样小。感觉怎么样，是不是通过夸张的联想，记忆更加深刻了呢？

（3）关己

关己原则是指我们往往对自己经历过的事情印象更加深刻。想想当你看到你的高中毕业照时是不是会第一个看自己在哪里呢？当我们发表了一篇文章在校报上是不是会第一个读自己的文章呢？

每个人大脑中都存在着与自己相关联的人或事，这些都是我们记忆时可以利用的经验，这也很好地解释了为什么每个人联想出的东西会存在不同。就好像当你新认识的一位朋友的名字和你认识的一位明星的名字非常相似时，你就可以利用你熟悉的明星来帮你记忆没那么熟悉的新朋友了。再比如，一个人的生日是2月15日，曾经住过的寝室是602，那么当他看到602215这个数字时就可以联想成在寝室里室友给他过生日的情景了。这样的联想是不是记起来轻松多了呢？下面让我们一起练习一下吧：

小试牛刀，来看看下面的两个词你如何联想？

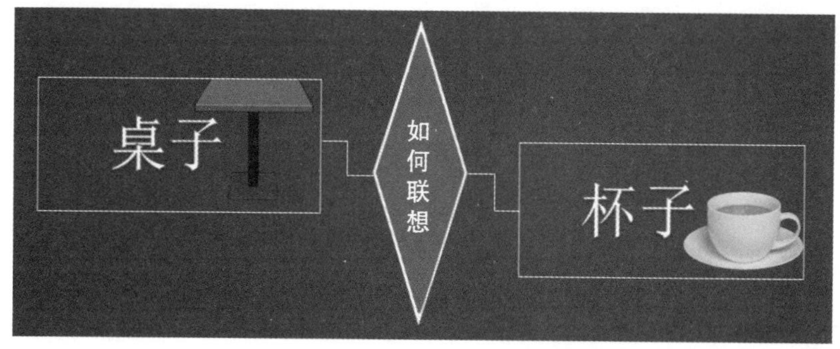

也许你会想说“桌子上放着一个杯子”这样的答案，但是这样的联想属于“造句式”联想，毕竟桌子上放着杯子这种场景太常见了。想想我们去一家饭店吃饭，如果大家都坐在座位上喝咖啡，是不是不会引起什么注意呢？而一旦当你不小心把杯子打翻的时候，是不是就会立刻吸引大家的目光了呢？

所以我们在进行联想的时候也要尽量用这种方式，让你自己成为联想画面的主角，亲自经历联想的过程。就像下图一样，给我们的印象就会非常深刻。

曾任国务院副总理的李岚清曾经在一场讲座中跟大家分享了这种记忆方法。他列举了毫无关联的15个词汇，果然用这种联想记忆的方法能让大多数人一遍就能记忆下来，并能长时间保持不忘。只需要在回忆的时候从大脑中调取出来这个故事的画面，随着故事的发展15个词也就轻松背下来了。

下面给大家呈现了15个随机词语，我们来试着挑战一下吧：

花盆	风筝	钢琴	老鼠	饮料瓶
口香糖	雪白	塑料袋	罐头	汤勺
耳机	由于	电话	筷子	肌肉

其中有三个词语比较难联想到图像。请你试试能将下面的三个词语出图吗？

雪白、由于、肌肉

示例：

雪白——利用倒字法可以转化成冬天的白雪。

由于、肌肉——利用谐音法转化成美味的鱿鱼和常吃的鸡肉。

在记忆这15个词语的时候我们采用的是编一个小故事将这些词语进行串联联想。

下面我们来看这样一个故事：

有一个巨大的花盆从天而降，这时突然一阵大风吹过，从花盆里吹出来一只风筝。风筝被吹得越飘越远，之后竟飘到了一架钢琴的琴键上。这时从钢琴的琴键里爬出来一只小老鼠。你赶紧跑上前去想抓住这只老鼠，老鼠却急匆匆地向前飞奔。老鼠在慌乱之中一不小心撞倒了一个饮料瓶，饮料瓶里面还有块儿口香糖也被撞飞了出来，竟直接飞进了外面的雪地里。当你连忙跑过去，想用手扒开白雪（雪白）找它时，扒了半天却只挖出来一个塑料袋。于是你好奇地打开塑料袋想看看里面有什么，突然发现里面装的竟然是一盒罐头！你便拿起汤勺开始一勺一勺地吃起来，可一不小心汤勺被挂在了你的耳机上，这时突然从耳机里爬出来一只小鱿鱼（由于），它手舞足蹈地抓起一部电话，狠狠地砸向附近的一双筷子，随后被砸飞的筷子插进了旁边桌子上刚出锅的一盘鸡肉（肌肉）里。

故事讲完了，现在闭上眼睛试着回忆一下刚刚的故事情节，再从故事中提炼出我们需要记忆的15个词语，能做到吗？如果你能轻松做到，还可以继续挑战尝试倒背，倒背的方式就是将故事倒放回去，然后提炼出15个词语。这也是这种方法的神奇之处，不仅能轻松背诵还能倒背如流。既有利于我们理解和记忆新信息，而且有助于为更高水平的思维和应用创造一个有用的信息库。

联想记忆的核心是图像。我们要根据记忆的内容特点，选择合适的联想方法。联想的时候尽可能根据事物本身的特征展开，避免使用“拟人”和“变化”。比如要记忆小鸟、笛子，窗花、手机这两组词语。有人联想成：小鸟画笛子、窗花“变化”成了手机。实践证明这种联想在回忆时容易遗忘。因为大脑更偏重动态的效果，也就是小鸟画画这个动作。可能对画的是什么根本没有注意到，而变成另外一个事物是没有变化过程的，不像金蝉脱壳这种生活中有过的经验场景。就像窗花是如何一步步变成手机的呢？无人知晓。

没有变化过程作回忆的线索便容易忘记。因此我们可以联想成：小鸟嘴里叼着或是爪子抓着笛子；窗花贴到了手机上。使用任何方法的前提都离不开图像化，尤其是动态的图像。所以大家可以多多练习图像转化，特别是抽象词的转化。

我们不需要把每个字都进行联想，只需要把词语中的一个字或者一句话中的一个关键词进行联想就能完成记忆，也就是说方法是辅助我们学习的工具，因此应用时可以灵活一些，不必太拘泥于形式。基础方法学会后可以通过实践练习，找到适合自己的方法。总之，能最高效地完成记忆才是我们追寻的结果。

经过了上面的例子，我们是不是已经对这种方法有一定的了解了呢？接下来我们再来看看进阶形象法吧！

第六节　进阶形象法

之前我们详细讲解了关于联想的知识，接下来要介绍的方法都是在联想的基础上进行的，包括进阶形象法和进阶编码法。其中进阶编码法又按照编码形式的不同分为：文字编码法、数字编码法、字母编码法、图案编码法四类。

一、形象法

形象法是指将记忆的信息在头脑中以表象的方式呈现出来，记忆信息图像化也是记忆法的核心原理。我们都知道小学生的课本内容很丰富，不仅有文字还会配有图画，问题的呈现方式也多以图画来展现。据心理学家研究，物体的视觉形象比词的视觉形象容易记，而且可以保持得更长久。我们的大脑在处理图像信息时是右脑主要负责的，处理图像信息是右脑的优势所在，它比左脑主要负责的处理文字信息的效率高很多倍。

正所谓“一图胜千言”，对于一个从来没见过“牛”这种动物的人来说，可能你用了很多语言也不能让对方准确地认识到牛的样子，而当我们拿出一张牛的图片时，一切问题自然就迎刃而解了。

回想一下你有没有类似的经历呢？我们走在大街上遇到多年不见的老朋友可能已经忘了对方的名字。但思考一下，为何多年不见的朋友你却能认得呢？

因为对方的长相已经以图像形式记录在了脑海中，而名字记不住是因为名字是以文字形式编码的。我们的大脑就是喜欢生动形象、有趣好玩的事物，而形象化策略很好地利用了大脑的这一特点。

下面我们来看一个例子：

秒记DNA、RNA五大碱基

在刚开始学习高中生物时，两种核酸DNA、RNA以及五大碱基和对应名称有些同学容易搞混。下面我们尝试一下用进阶形象法提高记忆效率。

序号	碱基	对应名称
1	A	腺嘌呤
2	C	胞嘧啶
3	G	鸟嘌呤
4	T	胸腺嘧啶
5	U	尿嘧啶

首先来分析一下，我们要记的内容有字母和所对应的名称，这属于匹配关联记忆。由于嘌呤和嘧啶是固定的，所以我们记忆的重点是什么嘌呤和什

么嘧啶，也就是我们只需提取第一个字作为关键字就可以了。所以我们制订的记忆策略就是先想象字母，然后再和后面的名称进行关联。

好了！现在来开动你的大脑，我们一起来挑战一下吧！

A（腺嘌呤）：我们先联想一下字母A你能想到什么？像不像一个法国的巴黎铁塔呢？接着我们继续从腺嘌呤中提取一个关键字，即腺嘌呤中的“腺”。然后再通过谐音转化成毛线团的“线”。

记忆：从巴黎铁塔上掉落了一个毛线团，线团散开并滚落到了很远的地方。

C（胞嘧啶）：现在我们联想一下字母C像什么呢？像不像一个篱笆包围成的围栏呢？

记忆：可以想象一个篱笆把我们都包围了起来，对应的正好就是胞嘧啶了。做得很好，你已经初步领略到了这种方法的神奇！

G（鸟嘌呤）：接下来到字母G了，先想一想G你能想到什么？有人说G长得像一个鸽子的头，也有人说G长得像一只小鸟的头。其实都没问题，这里我们以小鸟为例。

记忆：小鸟的头和鸟嘌呤中的鸟字进行联系。

T（胸腺嘧啶）：字母T能联想到什么呢？不要着急，仔细想想我们生活中遇到的哪些场景和字母T长得像呢？其实生活中的很多东西都可以，主要是看你在平时的生活中有没有细心观察哦！比如说天平的形状就很像字母T。

记忆：一个小朋友从小就立志要当一个法官，那么要想当好一个法官最重要的是什么呢？当然就是心胸宽广，心中有一个天平象征着公正。

U（尿嘧啶）：最后一个是字母U，给你30秒的时间思考一下看看自己能不能想出来，想得越多越好。

好，你现在已经想得差不多了。下面来公布一下我的想法：将U转化成一个尿壶，同时也恰好对应了尿嘧啶中的第一个字。

想必通过上面的练习，大家已经初步体验到了这种方法的奇效。形象化的记忆策略可以分成抽象文字信息的形象化技巧和数字信息的形象化技巧。本书后面还会介绍形象法更多、更具体的技巧哦！

二、绘图法

下面要学习的方法可以说是形象法中的“高级”版本。绘图法是指把要记的文字等内容转化成一张图，通过图来辅助记忆的一种方法。在绘图的过程中要注意不必拘泥于形式。因为我们不是参加绘画比赛，只要能有利于我们提取回忆就好。

1.绘图法概述

绘图法概括起来有三大优势，它们分别是：

（1）利用大脑对图像信息处理高效的特点，便于形成长时记忆。

（2）增强学习的兴趣，把枯燥的信息变成生动形象的画面速记下来。

（3）在绘制的过程中增进我们对信息的理解。

运用绘图法记忆时，并不是所有的图像都可以直接转化出来，有些抽象词还需要借助谐音、替换的转换方法。我们要先转换图像再进行绘画。可以根据整句话的意思联想出图，也可以将其中的重点词即关键词提取出来并通过图像表现。

比如诗句：北风卷地白草折，胡天八月即飞雪。这句诗的意思是：北风席卷大地把白草吹折，塞北的天空八月就纷扬落雪。画图时就可以将诗中涉及的北风、白草、飞雪三种事物表现出来，并用这三种事物表现整句诗表达的意境。画完之后我们看着图进行回忆：风是什么风？风吹的动态是什么样

的？吹过之后造成了什么影响？现在是几月，天上就飞雪啦？

在用绘图法绘制完成后要记得尝试背诵，如果有记得不好的地方要对绘图做适当调整。对于通俗易懂的知识点，可以绘制简图来记忆。如果有不好出图的内容，也可以采用谐音和替换的方法，或者联想出一个关联词来进行转化。

2.绘图法应用举例

接下来我们以学科知识中的两个重要知识点为例，看看绘图法是如何做到仅用一张图就无遗漏地记下所有知识点的。

（1）秒杀高中生物知识点

全球性生态环境问题主要包括全球气候变暖、水资源短缺、臭氧层破坏、酸雨、土地荒漠化、海洋污染和生物多样性锐减等。

该知识点共包含了7个小点，如果采取死记硬背的方法，我们很有可能遗漏掉某个点。接下来我们看看绘图法是如何轻松化解这一难题的吧！

首先我们对题目进行一个分析：

全球气候变暖：我们可以用一个温度计显示的读数很高来体现。

水资源短缺：可以画一个水龙头进行表示。

臭氧层破坏：臭氧层的作用是“保护”地球，我们可以想象保护地球的屏障被破坏了，可以用一把雨伞表示“保护”的含义。

酸雨：想象酸雨具有腐蚀性，竟然把雨伞都给腐蚀坏了！

土地荒漠化：可以绘制一个沙漠的场景。

海洋污染：想想海洋里面到处都是人们丢弃的各种垃圾。

生物多样性锐减：可以联想到6500万年前恐龙的灭绝。

接下来我们一起看看怎样用一幅图（见彩插6）轻松搞定这些知识吧。

这样一幅清晰而且生动形象的画面是不是让人看一遍就能清晰地记住了呢？而且这样的图还会给人一种“代入感”，仿佛身临其境。自己亲身经历过的东西，印象肯定会深刻得多了！

（2）秒记必背古诗词

古人云：“读熟唐诗三百首，不会作诗也会吟。”古诗词是古代贤人留给我们的智慧结晶。背诵古诗词经典不仅有利于提升我们的文学素养及语言表达能力，还会极大地增强我们的自信心。

下面来看一个例子：《浣溪沙》

浣溪沙

宋·晏殊

一曲新词酒一杯，

去年天气旧亭台。

夕阳西下几时回？

无可奈何花落去，

似曾相识燕归来。

小园香径独徘徊。

一曲新词酒一杯：

想象在一个美丽的暮春之日，作者一边听着新曲一边品味着美酒。

去年天气旧亭台：

作者忽然想起去年貌似也是这样的情景。感慨这天气、亭子，和去年简直一模一样。

夕阳西下几时回：

面对即将隐入群山的夕阳，作者不禁感慨夕阳什么时候才能回来？

无可奈何花落去，似曾相识燕归来：

在这淡淡伤感的同时，作者猛然间看到了落花和小燕子。

小园香径独徘徊：

香径：带着幽香的园中小径。作者在园中落英缤纷的小径上独自徘徊着。

（注：上面对每一句的解释是有利于我们更好记忆的，并不是单纯的翻译哦！）

《浣溪沙》配图见彩插7。

通过上面的介绍，大家对于绘图法都有所了解了。它最大的优势在于当我们的大脑里有了思路和画面，还原记忆时就会事半功倍。

第七节　进阶编码法

编码是记忆过程中不可缺少的一个环节。信息加工理论认为，我们想要记住东西必须对外界信息进行编码。编码就是对已输入的信息进行加工、改造的过程。我们是否能进行有效编码决定了我们能否正确提取记忆，所以说编码是记忆中的关键环节，能被我们记下来的信息必然是我们大脑以一定的编码形式储存的。由此可见，进行有效的“编码”对我们的记忆至关重要。

我们还可以借助编码辅助记忆。比如我们要记忆一整套啦啦操，就可以把上和下分别用1和0表示。因为1像树干，我们可以联想为向上爬树。0像一口井，我们可以联想成落井下石。当然你也可以把一个连贯的动作当作一个编码。这些都可以根据自己的喜好和经历来定义，毕竟只有自己体验过的，有丰富经验的东西才会印象更深。

我们可以利用这一过程将要记忆的信息主动编码，下面我们详细了解一下编码策略的种类：

一、文字编码法

要想了解文字编码法，我们首先要将文字分为形象词和抽象词两种。

比如“开心”“毛笔”“跑”这些词都属于形象词，我们很容易在脑海中联想出对应的画面。但还有些词比如“伟大”“思维”“重要”“概念”……这些词虽然我们也很常见，但很难想象出具体的图像来匹配。这样的词我们把它叫作“抽象词”，抽象词转化成图像需要借助一些技巧来完成。这里介绍两种文字形象化的技巧——谐音法和替换法。

1.谐音法

谐音法是图像展现的重要方法。利用谐音转化的同时，又要兼顾生动而又形象的图像。选取谐音时可以是整个信息，也可以将其中的部分关键字进行谐音化。

比如记忆金属活动顺序表：钾、钙、钠、镁、铝、锌、铁、锡、铅、（氢）、铜、汞、银、铂、金。

谐音转换举例：

钾的谐音可以有：家、嫁、架、夹、驾……

钙的谐音可以有：盖、丐、给、钙……

每一种金属都可以通过谐音找到很多形象词，但是具体用哪一个还需要我们有一个“大局观”，综合考虑哪个字选出来更容易回忆，也就是最后的画面更形象生动。

以下联想供大家参考：

谐音转换：钾（嫁）、钙（给）、钠（那）、镁（美）、铝（女）、锌（身）、铁（体）、锡（细）、铅（纤）、（氢）（轻）、铜（统）、汞（共）、银（一）、铂（百）、金（斤）。

串联联想：嫁给那美女，身体细纤轻，统共一百斤。

通过联想把枯燥的知识点转化成了有趣又好玩的“顺口溜”，这让我们的学习轻松了不少。在选取转换后的词语时，并不都是形象词，而是便于编成小口诀的词。这就需要我们能灵活掌握了，如果一开始做不到，可以都选用形象词编故事，慢慢再尝试一步步简化。简化的过程就是我们深入思考优化画面的过程。久而久之，通过不断练习就能自如地编辑小口诀或者顺口溜了。

这种方法也可以叫简化法或者歌诀法。前人的成果拿来应用可以节约很多时间，自编一些适合自己的“小口诀”印象会更深刻，重要的是我们要学会使用这种方法。毕竟每个人的学习领域不同，需要应用的范围也不同。学会这项技能并且懂得运用，就是最大的捷径了。

2.替换法

除了使用谐音法转化图像外还可以使用替换法。就是找出比较符合和贴近原词意思的图像来代替，在想到这个图像的时候马上能回忆到原词。例如，我们来看看下面的词语：

思维：大脑（大脑是思维的总部，思考需要从大脑发出指令）

概念：新概念英语书（新概念英语大家都比较熟悉）

小练习：下面这五个词语看看大家能不能想出对应的图像出来呢？

孤独、忧郁、信用、诙谐、抽象

示例：

孤独：替换成小说《百年孤独》。

忧郁：谐音转化成“鱿鱼”。

信用：替换成“信用卡”。

诙谐：谐音转化成“一双灰色的鞋”。

抽象：替换成“拿鞭子抽大象”。

二、数字编码法

数字编码是指通过谐音等方法，结合自身经验，编制一套记忆数字的代码。记忆的材料大体分为图像、声音、文字和数字四种。所有学习的过程都离不开这四种材料。记忆法的内涵就是按照材料的特点，选择适当的记忆方法，没有哪一种记忆方法绝对的好或绝对的不好，只有是否适合对应的方法。因此在实际应用中，我们要先判断记忆材料的类型，再选用不同的方法进行记忆。

在这些材料中，记忆数字相对而言是最难的。由于数字之间没有逻辑和关联，所以当我们面对一长串数字时往往无从下手。当然解决的最佳办法就是我们接下来要介绍的“数字编码”。

还记得我们小的时候学的数字儿歌吗？比如我们将数字2想象成一只鹅，数字3想象成一只耳朵，数字4想象成一只帆船等。实际上生活中运用数字编码的机会也不少，比如很多人愿意选择包含特定数字的手机号码，本质上就是利用了数字编码。

1.数字编码概述

我们先进行一下分析：因为数字只由0—9构成，所以我们记忆数字时就可以将一个或者几个数字组成数字编码。其中最常用的就是单位数字编码（0—9）和双位数字编码（00—99）。数字编码概述部分我们将从三个角度进行展开，分别是：数字编码的作用、数字编码的形式、数字编码的活化。

（1）数字编码的作用

①数字编码是记忆训练的基础

②应用范围广（如历史年代、电话号码、好友生日、商品价格等）

③展示效果好（想想当你在几分钟就能记住一串超长的数字并能正背、倒背的时候，是不是令没有学过记忆法的人感到十分惊奇呢！）

（2）数字编码的形式

①谐音：谐音在日常生活中应用最多，比如我们经常用“1314”代表“一生一世”、用“520”代表“我爱你”等。下面举一个例子：数字“14”，多读几遍你会发现14的谐音很像钥匙，所以当再出现14的时候我们可以联想成一把钥匙来进行代替。

②象形：比如数字“10”，它很像棒球棒和棒球组合在一起，所以我们可以选择用棒球来代替它，即数字10的编码为棒球。

③意义：我们由数字“61”可以自然地联想到六一儿童节。但是儿童节也不好出图像。此时我们可以用代替法进行转换——儿童代替儿童节。儿童的形象想必大家经常见到而且都不会陌生，因此当再出现61的时候我们可以用儿童来代替。

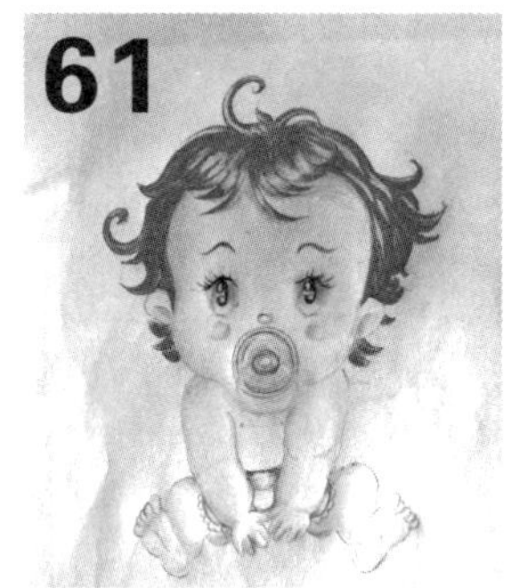

下面是在我们日常生活中经常能遇到的单位和双位数字的编码总结，经过试验，这些编码非常适合想提高数字记忆能力的新手进行学习：

数字	编码	数字	编码	数字	编码	数字	编码
00	望远镜（象形）	06	蝌蚪（象形）	11	筷子（象形）	16	杨柳（谐音）
01	小树（象形）	07	耙子（象形）	12	椅儿（谐音）	17	仪器（谐音）
02	铃儿（谐音）	08	轮滑鞋（象形）	13	医生（谐音）	18	糖葫芦（谐音）
03	三脚凳（象形）	09	猫（意义）	14	钥匙（谐音）	19	衣钩（谐音）
04	汽车（象形）	10	棒球（象形）	15	鹦鹉（谐音）	20	哑铃（象形）
05	手套（象形）						

数字	编码	数字	编码	数字	编码	数字	编码	数字	编码
21	鳄鱼（谐音）	22	双胞胎（意义）	23	和尚（谐音）	24	闹钟（意义）	25	二胡（谐音）
26	河流（谐音）	27	耳机（谐音）	28	恶霸（谐音）	29	饿囚（谐音）	30	三轮车（谐音）
31	鲨鱼（谐音）	32	扇儿（谐音）	33	猩猩（谐音）	34	三丝（谐音）	35	山虎（谐音）
36	山鹿（谐音）	37	山鸡（谐音）	38	妇女（意义）	39	香蕉（谐音）	40	司令（谐音）
41	蜥蜴（谐音）	42	柿儿（谐音）	43	石山（谐音）	44	蛇（意义）	45	师傅（谐音）
46	石榴（谐音）	47	司机（谐音）	48	石板（谐音）	49	湿狗（谐音）	50	五环（象形）

数字	编码	数字	编码	数字	编码	数字	编码	数字	编码
51	农民（意义）	52	斧儿（谐音）	53	乌纱帽（谐音）	54	武士（谐音）	55	火车（谐音）
56	蜗牛（谐音）	57	武器（谐音）	58	尾巴（谐音）	59	五角星（谐音）	60	榴莲（谐音）
61	儿童（意义）	62	牛儿（谐音）	63	流沙（谐音）	64	螺丝（谐音）	65	尿壶（谐音）
66	溜溜球（谐音）	67	油漆（谐音）	68	喇叭（谐音）	69	牛角（谐音）	70	冰淇淋（谐音）
71	鸡翼（谐音）	72	企鹅（谐音）	73	鸡蛋（谐音）	74	骑士（谐音）	75	西服（谐音）
76	汽油（谐音）	77	机器人（谐音）	78	青蛙（谐音）	79	气球（谐音）	80	巴黎铁塔（谐音）

数字	编码	数字	编码	数字	编码	数字	编码	数字	编码
81	白蚁（谐音）	82	靶儿（谐音）	83	花生（谐音）	84	巴士（谐音）	85	宝物（谐音）
86	八路（谐音）	87	白旗（谐音）	88	爸爸（谐音）	89	芭蕉（谐音）	90	酒瓶（谐音）
91	球衣（谐音）	92	球儿（谐音）	93	旧伞（谐音）	94	僵尸（谐音）	95	酒壶（谐音）
96	蝴蝶（象形）	97	旧棋（谐音）	98	球拍（谐音）	99	舅舅（谐音）		
0	呼啦圈（象形）	1	蜡烛（象形）	2	鹅（象形）	3	耳朵（象形）	4	帆船（象形）
5	钩子（象形）	6	勺子（象形）	7	镰刀（象形）	8	葫芦（象形）	9	哨子（象形）

看到这儿，很多人可能会遇到一些小问题，在这里统一为大家进行解答：

1.编码57为武器，需要选定哪一种武器吗?

答：因为数字编码的要求是出图像要具体，而每个人的想法是不同的。57编码为武器是利用谐音的一种转化，具体是什么武器一定是要根据自己的经验选择最合适的。上面的数字编码只是供大家参考。如果有觉得自己实在难以记忆的，可以结合自己的经验进行修改，但原则上不要修改得太多。

2.数字编码这么多还不如死记硬背?

这里给大家介绍的数字编码一共是110个（单位数字编码0—9，双位数字编码00—99）。实际上这些数字编码由于结合了自己的经验，所以记忆起来并没有想象的困难。而且编码方式无非只有三种情况：谐音、象形、意义，其中又以谐音居多。因此一般记忆完再经过复习一两次就可以完全记住了。

3.我应该如何编制一套属于自己的数字编码?

运用之前讲到的数字编码的三种方式，从谐音、象形、意义三个角度进行联想。最好是选择你第一个自然而然联想出来的词，这样更有利于我们的记忆。当然也可以根据自身经验，比如因为自己的生日是2月8号，所以利用自身经验把28想象成自己也是非常好的方式。

选完数字编码后，我们就要进一步熟悉编码了，此过程就是跟你的数字编码“交朋友”。因为数字编码是我们记忆数字的基础，也是记忆其他任何材料的基础。因此熟悉数字编码是十分有必要的，接下来我们就进入数字编码强化——编码活化部分。

（3）数字编码的活化

我们知道要想记住东西，必须首先依靠我们的感觉。因为感觉是认知过程的第一个过程，所以这种“感觉”在记忆法中也非常重要。即使是参加过

世界记忆锦标赛的人也非常强调“感觉”的重要性。因此我们在简单熟悉了自己的数字编码后，为了进一步加深感受编码，可以通过对编码进行多感觉通道（视、听、嗅、味、触）感知的方式加强印象，这个过程就被称为“编码活化”。

例如：

想象一下这些编码的声音：牛儿、火车、鹦鹉、山虎、二胡、蛇。

想象一下这些编码的动作和特点：棒球、猩猩、榴莲、鳄鱼、锄头、僵尸。

想象一下这些编码的味道：香蕉、鸡蛋、花生、鸡翼、石榴、糖葫芦。

想象一下这些编码的触感：哑铃、青蛙、斧儿、山鸡、气球、蝴蝶。

通过上面的小练习，大家应该对数字编码有一定的了解了，之后希望大家利用一点时间进行复习，并加以适当练习。当我们熟记了这些编码后，还要面对的一个问题是如何把这些单独的编码“串联”起来呢？接下来带大家一起看看数字联结部分。

2.数字编码联结

前面我们学过了词语的联想，先将词语转换成图像，再运用联想方法进行记忆。数字编码联结和前面的联想有类似之处，不过这种联结和联想不完全相同，它是指在数字编码之间嵌入一定的联系，以此加强记忆的效果。联结可以说是联想的进一步应用，有时我们为了提高记忆速度，可能还要将联结的方式进行固定。

下面我们进行详细讲解：

比如要记忆4537这四个数字，我们可以运用两位数编码技巧。首先对4537进行分组，将其分解成两组数字45和37，每个数字对应的编码分别是

“师傅”和“山鸡”。师傅的形象可以再具体一些，想象成西游记中的师傅“唐僧”。图像有了，接下来是联想记忆，越形象生动越好。比如“师父在山上捉山鸡”，想象唐僧笨拙的身体追着山鸡跑的滑稽画面。有了画面，我们回忆的时候还需要再将画面还原成数字（师傅——45，山鸡——37）。

需要注意的是，在进行联想时，画面的顺序不要颠倒，一定是师傅在前，山鸡在后。如果联想成“山鸡用嘴巴啄师傅”，回忆的时候就会变成“3745”了。

所以数字记忆比文字记忆多了一个环节，就是数字图像转化和还原的过程，而这个过程是可以通过训练提升效率的。因为编码图我们可以提前记忆，所有的数字组合也是固定的。这一点和记词语不同。词语的图像，特别是抽象词的图像都是不固定的，需要我们根据具体内容具体分析，然后选择适合的图像。对于数字类信息来说，只要将编码记牢，然后运用联想记忆法进行记忆就好了，这就大幅降低了数字记忆的难度。

有些人会有疑问，有一些编码是物品，不是人物，物品本身怎么能有动作呢？比如闹钟、五环、汽油……对于这些物品，我们可以从中找到他们的特征，再对特征进行加工，找到合适的“联结动作”。常见的闹钟是有个小锤子敲击两个铃铛的，我们就可以把“锤子”代替闹钟，锤子可以发生的动态效果就是“敲”，所以最终确定“闹钟”的联结动作是锤子“敲”。同理，“五环”可以是“套”，“汽油”可以是“泼”。联结动作确定好后，就要练习和任意编码组合后的动态效果图，这项任务比较大，因为数字组合的方式有上万种，如果想将每一种组合效果都联想到，就需要大量的练习做辅助。

学完了数字编码和联结的技巧，下面我们就来体验一下在实战中如何演

绎数字编码吧！

3.数字编码实战

（1）应用练习1：电话号码速记

哥哥14932521559

编码转化：

14→钥匙　93→旧伞　25→二胡　21→鳄鱼　559→直接谐音为“呜呜叫”

记忆：哥哥用一把钥匙打开了一把旧伞，从旧伞里掉出来一只二胡直接就砸到了鳄鱼的脑袋上，疼得鳄鱼呜呜叫。

姐姐 15498571694

分析：我们知道由于一般的电话第一位多数以“1”开头的，因此我们可以省略不记。

编码转化：

54→武士　98→球拍　57→武器　16→石榴　94→僵尸

记忆：一位武士手里拿着一只球拍直接砸向一挺机关枪，想象一下机关枪里出来的不是一颗颗子弹而是一个个石榴“子弹”。这些“石榴弹”直接砸向迎面而来的僵尸身上，有没有点儿像游戏植物大战僵尸的感觉呢？

（2）应用练习2：记忆灯泡顺序

比如在央视曾经有一档《想挑战吗》的节目，现场布置了100个灯泡，嘉宾随机打开和关闭这些灯泡，要求选手在短时间依次记住灯泡的亮灭顺序。

下面我们一起来分析一下：由于灯泡的情况只有两种——亮和灭，所以我们可以用“二进制”数字编码来进行记忆，就像平时计算机的工作原理也是二进制一样。我们可以把“亮”的灯泡编码为“1”；“灭”的灯泡编码为“0”。

根据这个编码我们可以把随机的24个灯泡明暗情况记成：

111010010111001001100110

这样一来感觉好记一些了，但是有人可能会说，我们并没有学过二进制编码呀？

不要着急，接下来还有一个关键步骤——将二进制转化成十进制。我们把二进制每3个分为一组，然后再转化成十进制。

如下表所示：

二进制	对应十进制
000	0
001	1
010	2
011	3
100	4
101	5
110	6
111	7

这样我们就把上面的二进制转化成了十进制数字：72271146

然后就直接按照记十进制数字的方法记忆就可以了，可以联想成：一只企鹅（72）戴着耳机（27）在一边听音乐一边拿着筷子（11）夹着石榴（46）吃。

（3）应用练习3：百家姓随机点背

还记得在2010年春晚上表演记忆百家姓的王仙妮吗？她能够快速地说出百家姓每个序号对应的姓氏，也就是“随机点背”。她也因此被人称为“记忆神童”。其实，只要我们掌握了数字编码，我们也可以随时随地向别人表

演这项绝活哦！

下面选取了百家姓的前100位，我们从中随机地选择几个来体会一下这种方法的神奇：

01 赵	02 钱	03 孙	04 李	05 周	06 吴	07 郑	08 王	09 冯	10 陈
11 褚	12 卫	13 蒋	14 沈	15 韩	16 杨	17 朱	18 秦	19 尤	20 许
21 何	22 吕	23 施	24 张	25 孔	26 曹	27 严	28 华	29 金	30 魏
31 陶	32 姜	33 戚	34 谢	35 邹	36 喻	37 柏	38 水	39 窦	40 章
41 云	42 苏	43 潘	44 葛	45 奚	46 范	47 彭	48 郎	49 鲁	50 韦
51 昌	52 马	53 苗	54 凤	55 花	56 方	57 俞	58 任	59 袁	60 柳
61 酆	62 鲍	63 史	64 唐	65 费	66 廉	67 岑	68 薛	69 雷	70 贺
71 倪	72 汤	73 滕	74 殷	75 罗	76 毕	77 郝	78 邬	79 安	80 常
81 乐	82 于	83 时	84 傅	85 皮	86 卞	87 齐	88 康	89 伍	90 余
91 元	92 卜	93 顾	94 孟	95 平	96 黄	97 和	98 穆	99 萧	100 尹

例如：

21——鳄鱼——何

记忆：在河（何）里躺着一条巨大的鳄鱼，张着血盆大口。

35——山虎——邹

记忆：一只几天没吃东西的山虎看见前面的一碗粥（邹）就快速地扑上前去。

50——（奥运）五环——韦

记忆：奥运五环上面挂着的一条围（韦）巾随风飘荡。

55——火车——花

记忆：火车头的前面竟然长出了许多美丽的鲜花（花）！

（4）应用练习4：人名随心记

在日常工作生活中，我们少不了和各种各样的人打交道，而打交道的前提就是要记住对方的名字。生活中我们会出现突然想不起对方名字的尴尬局面。为了避免尴尬，我们不仅仅要牢牢记住对方的名字，还要和本人进行联想，这种类型的记忆叫作匹配关联记忆。为了解决这类问题，我们需要从本人的身上寻找一些特征，比如头发的颜色、长短、稀疏程度、五官特点、身高、衣着打扮、身份地位等。接下来再将这些特征和名字进行联想。

联想的方式有两种：关己联想、谐音联想。

比如一个人的名字叫廉云（喜欢戴黑框眼镜）。我们可以联想到古代经典故事“负荆请罪”的主人公廉颇，或者是你认识的一个叫廉颇的朋友。然后可以想象廉颇会腾云驾雾，一天他架着云来到了廉云面前。最后再和特征进行联想：“廉颇”架着云来到了“廉云”面前，并且送给了他一副用藤条特制的黑框眼镜，这样我们就记住了名字和对应的特征。

这便是关己，是一个结合自身经验记忆的过程，这也符合记忆法的以熟记新原则。因为我们大脑中已经储存了好多人的名字，例如你的同学、朋友、家人等，所以只需要在已有经验上加入适当的联想就好了。

也许你会问：那如果我不知道“廉颇”该怎么办？

如果你不巧不知道廉颇这个历史人物，恰巧朋友里也没有和“廉云”像的名字，这就说明你的大脑中没有“直接经验”能够帮助到你了。不过我们仍然可以用谐音来帮助我们进行联想。先从名字入手，“廉云”念起来像“连云”，想象天空中有好多云连接在了一起，然后再和特征相结合：由于他戴黑框眼镜所以我们可以把云想象成黑色的“乌云”，并尽量在脑海中形成一个画面。

例如下图：

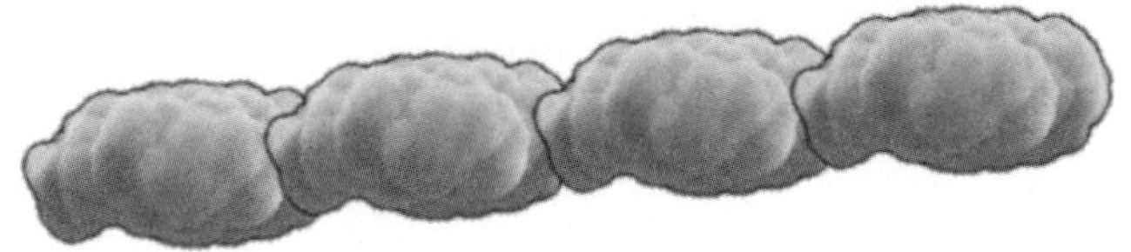

下面我们再来看几个谐音联想的实例：

人名：李泓涛

记忆：一篮子的李子被洪（泓）水冲进了波涛汹涌的大海里。

人名：边浩琪

记忆：这个人一边在路上走一边好奇（浩琪）周围看到的东西。

人名：伊莫金·奥伍德

记忆：她一摸到金子（伊莫金）就惊讶地叫道："噢，这是我的（伍德）。"

人名：奔向·帕尼谭

记忆：正在奔跑中的大象最怕的就是遇到泥潭（尼谭）。

（5）应用练习5：秒记商品价格

在数字记忆中，具有代表性而且最生活化的项目，要属商品价格记忆了，通过这个项目的训练可以提高我们多方面的能力。目前在"记忆圈子"里可大致分为两大流派：一种是实用记忆，偏向于学习和考试中的记忆法。另一种是竞技记忆，主要致力于竞技的技巧和方法，为记忆类的比赛做准备。

下面结合本人的经历，给大家介绍一个有关竞技记忆的项目——商品价格记忆 。

商品价格记忆最开始是2016年我在"中国极忆联盟"接触到的记忆竞技项目，并在之后以1分钟正确记忆36个的成绩，拿到了该项目的全国第一。

对于这个项目我自己的体会还是比较深的。下面通过一个例子来介绍一下具体的方法：

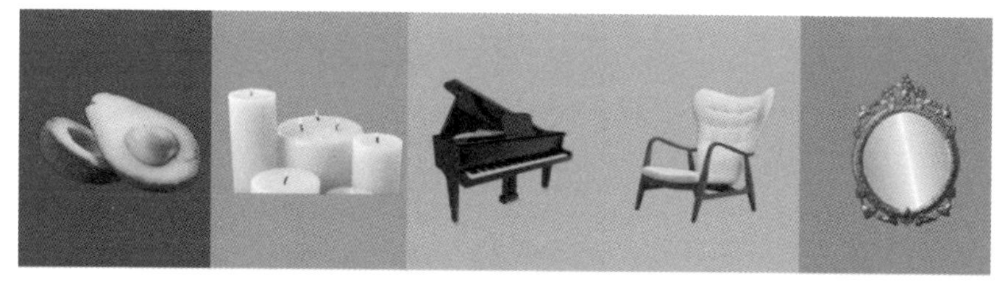

1267　　214　　2178　　54　　25

上面的图就是关于商品价格记忆项目的实例：其中第一行代表的是五种不同的商品，第二行对应的是商品的价格，并且都是随机匹配的。

记忆步骤：

1.在商品上找到一个地点，也可以叫“关键点”。这个地点就是我们着重要去记忆的对象，也是我们联想的位置。换句话说，联想出来的图像要“安放”在这个关键点上面。

2.把价格转化成编码，如果是由两个数字编码构成的，我们就利用前面讲到的数字编码联结即可。

3.将数字编码放在刚才找的地点（关键点）上。

第一个例子，我们看到一个鳄梨被分成了两半。我们可以选择其中的一半，比如正对着我们的这半块鳄梨。仔细观察，很明显有一颗硕大的“核”，我们可以将这颗“核”视为地点。然后我们再来看对应价格1267，谐音12对应椅儿，67对应油漆。我们可以先把被动编码也就是油漆放在这个地点（核）上面。然后想象有一把椅子从天而降，直接砸在了油漆上，还溅了我们一身！

第二个商品是蜡烛，我们找的地点最好是蜡烛的顶部，也就是灯芯附近

的这个位置，因为这里可以更好地“安放”我们的图像。这可能需要一定的练习来积累，不过相信只要稍加练习，你也可以找到最适合的位置。对应价格是214，这里推荐灵活地将剩下的一个数字直接记忆。比如将214想象成两把钥匙，想到两把钥匙从天而降直接插在了蜡烛上面，与此同时由于钥匙的速度太快，还飞溅起了许多的蜡油。

第三个商品是钢琴，对于这张图片来讲，有两个地方可以“安放”我们的记忆编码。一个就是前面的一排钢琴键，另有一个就是后面的位置。

思考一下这两个位置哪个比较好呢？

我的选择是前面的一排钢琴键，因为后面的位置有一些遮挡，不能够完全地展示出我们编码的全貌，只有完整呈现的图像才能够印象深刻。

接下来我们想象在钢琴键的位置趴着一只鳄鱼，它正张着大嘴，是不是很好奇鳄鱼在做什么呢？原来它正在大口大口地吃着西瓜。记忆时脑海里要想象对应的场景，这样便轻松记下了2178。

第四个是一把椅子，我们可以思考一下能不能用椅子的扶手作为地点呢？

因为扶手非常的窄，不利于我们编码的存放，所以我们把椅子靠背和椅座这个位置作为地点，并且这个位置正好构成了一个空间，有利于我们编码的“存放”。54的编码是武士，想象在椅子的座位上有一个武士，他拿着一把剑正刺向我们的椅子。

最后是一面镜子，这个镜子的难度是比较大的。因为镜面很光滑，编码不容易放在上面。我们可以想象，你正拿着一个二胡（25）直接过去砸这个镜子，把镜子直接给砸碎了，镜子的碎片掉落了一地。回忆的时候我们看到了镜子的图片，这个时候我们会想到镜子被砸碎的场景，最后再联想到是什么东西砸碎的，这样便回忆出了具体的数字。

三、字母编码法

同数字编码法类似，将字母形象化的方法称为字母编码法。前面讲过不同的记忆内容对应不同的记忆方法，也就对应不同的编码。通过字母编码我们可以更轻松地记住英语单词等，比如记忆moustache（n.胡子）这个单词。

第一步：将此单词转化为字母编码。

mo谐音为“摸”

us本身构成单词“我们”

t谐音为“特”

ache本身构成一个单词，意思为痛

第二步：将四个部分进行联想，一位小朋友摸了一下我们的胡子，感到特别疼。

通过moustache（n.胡子）的编码过程不难看出，按传统方法需记九个字母的单词，而现在只需记四个组块。不仅记忆的组块明显减少了，而且将原先的机械记忆进行了形象化联想，从而转化成逻辑记忆，这样更有利于在脑海中表现出画面感。

下面我们也可以像数字编码那样，结合自己的经验将英文字母固定下来成为自己的编码。字母编码的形式最主要有两种，分别是拼音和象形。

1.拼音

举个例子：b——笔 d——笛子

2.象形

举个例子：t——雨伞 h——椅子 c——月球（字母c像月牙，也可以联想成“月球”）

利用这种字母编码最大的好处就是可以帮助我们区分相近、相似的英语单词（后面的“英语单词十大方法”还会详细介绍）。

下面利用刚学的几个字母编码看几个简单的例子：

book名词翻译为“书本”；cook作名词翻译为“厨师”；hook作名词翻译为“挂钩、钓钩”；took作动词翻译为“拿走、取走”。实际上这几个单词容易搞混的地方就是首字母的不同。换句话说只要把首字母搞定，记住这些单词也就是小菜一碟了。

我们可以这样记：

book：一支笔写成了一本书。

cook：一个厨师跑到月球上去做饭。

hook：一个钩子将一把椅子高高吊起。

took：一把普通的雨伞竟然也被别人拿走。

四、图案编码法

让我们展开想象力，看看这个爆米花的形状你能想象到什么呢？

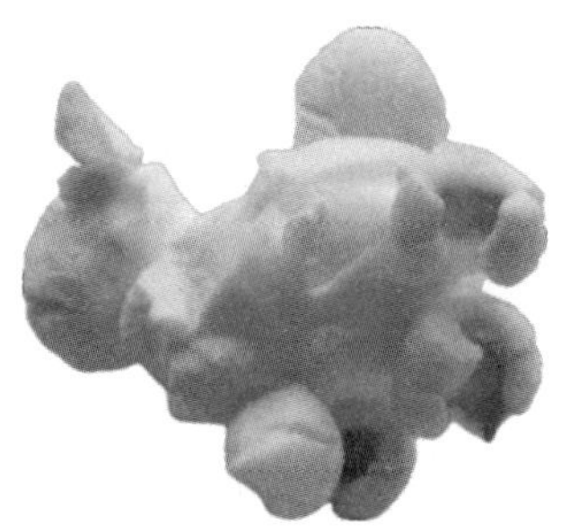

是小绵羊、飞舞的虫子还是水里畅游的金鱼呢？实际上每个人的联想可能都不一样，就好像“一千个读者眼中就会有一千个哈姆雷特”。每种联想都是结合自身经验的一种反映。联想没有对错之分，只要能够帮助我们记忆就可以。

利用图案形象法，我们可以把例如魔方公式中出现的每种状态转化成具体的形象，然后再利用图像编码的方法帮助记忆，这会极大地提高我们的记忆效率。

我们来看下面的例子——三阶魔方顶层颜色公式中的两种情况：

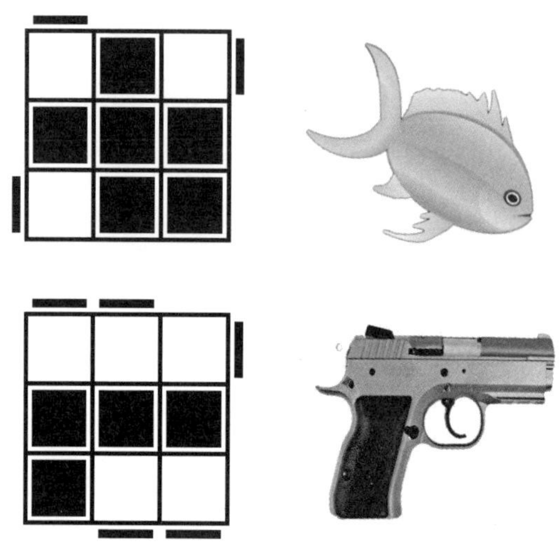

发挥我们的想象力，第一种情况对应的图案像不像一条“小鱼”呢？我们可以将四个小色块组成的部分想象成“鱼头”，鱼头正对应后面的部分想象为“鱼尾”。

再来看第二种情况对应的图案像不像一把“手枪”呢？

在我接触的很多人中，他们都认为魔方学起来很难，而且需要记忆很多公式。通过了上面的讲解，是不是发现其实魔方也没有想象中的那么难呢？

想必现在大家已经对这种记忆方法有初步的了解了，接下来让我们发挥想象力继续挑战吧！接下来要登场的一个项目是抽象图形项目。这个项目不仅考察记忆力，对我们的想象力也是一个不小的挑战。下面我们就赶紧来学习一下这种抽象图形该如何记忆吧！

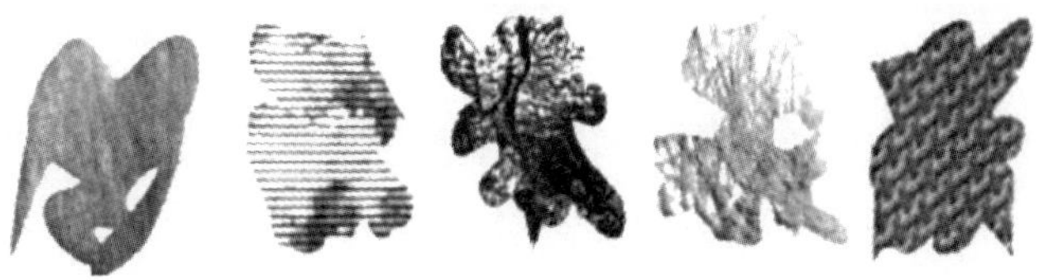

我们先来观察一下这些抽象图形。不难发现，这些图形除了外形各异外，纹理也各不相同。因此我们要抓住各自的显著特征，从图形的纹理和形状两个层面进行联想。

图形的纹理是最显而易见的特征之一，也是我们首要选择关注的地方。因此我们的记忆策略是：先观察图形的纹理然后再观察形状，最后再选择一个最合适的方式展开联想。

每个人的生活经验和想象力不同，所以观察后联想的图像也不尽相同。这都没关系，只要我们能想出来对应的具体图像就可以。

示例：

第一幅图我们从纹理上看不出有什么明显特点，但是这幅图中左侧有个尖尖的形状非常直观。可以把它联想成一只鸟的长长的喙（至于具体是什么鸟大家可以自由定义）。

第二幅图：纹理像是高耸入云的台阶。

第三幅图：最明显的两条深色纹路像是山谷里倾泻而下的河流。

第四幅图：纹理像是阳光照耀下的小草。

第五幅图：纹理像是一件针织毛衣。

最后一步将转化后的图像进行串联联想，编成动态有情节的小故事。我们可以这样想：一只鸟正在攀登着高耸入云的台阶，好不容易到顶了，突然脚下一滑，一不小心掉进了山谷下的小河里。幸亏河里生长着密密麻麻的小草，小草韧劲十足，正好可以用来编织毛衣。

通过这种抽象图形的练习，初学者可以快速掌握联想的窍门。但是如果你想更快地记住上面的图形的话，除了平时多进行想象训练之外，遇到经常出现的图案纹路或者形状我们也可以进行编码，这样就可以更快地反应并在脑海中构造画面。

第八节　超级定桩法

根据信息编码的提取背景不同，定桩法可以分为以下四个方法：地点定桩法、身体定桩法、数字定桩法、万事万物定桩法。这里的“定桩”简单来说就是把记忆的内容进行编码，然后存放在一个个的“桩子”上。可能有好多人会问：什么是“桩子”呢？接下来我们详细解释一下：

“桩子”是用来盛放记忆信息的载体。载体为某个地点的叫地点桩子，简称地点桩。具体来说，我们要把记忆的信息转化为图像，然后把图像放在一个个固定顺序的“抽屉”里。回忆的时候只要在对应的“抽屉”里找到当初放在里面的“记忆”就好了，而这个“抽屉”就是地点桩。这个“抽屉”的种类直接决定了记忆法的名字。以此类推，载体（也就是“抽屉”）为某个身体部位的叫身体桩子，简称身体桩，对应方法叫身体定桩法。载体为数字的叫数字桩子，简称数字桩，对应方法叫数字定桩法。

下面就让我们一起来体验一下吧！

一、地点定桩法（记忆宫殿法）

这种方法起源于古罗马时期，当时人们发现家中的摆设通常是熟悉而且

固定不变的。用这些摆设的位置与所要记的信息进行“捆绑”就可以记住信息，我们把这样的“位置”就称为地点桩。

简单说地点桩好比“储物柜”一样，可以把要记的信息分门别类地放进大脑储物柜中，回忆的时候就可以快速通过“储物柜”提取出知识信息。地点定桩法又叫记忆宫殿法、定位法等，它的特点是记忆容量大、提取速度快、可以解决按顺序记忆的难题。地点定桩法的本质是在大脑中构建空间场景，并把各种信息与空间场景联系起来。

先来举一个马关条约的例子感受一下吧！

《马关条约》内容：

1.把辽东半岛、台湾岛及其附属岛屿、澎湖列岛割让给日本。

2.开放沙市、重庆、苏州、杭州为商埠。

3.允许日本在通商口岸开办工厂。

4.赔偿日本军费白银二亿两。

步骤：

第一步：通读内容，找到每句话之间的关键词，分析并进行概括。

第二步：提取关键词

1.割三岛（辽东半岛，台湾岛、澎湖列岛）

2.开放商埠（沙市、重庆、苏州、杭州）

3.办工厂

4.赔钱（白银二亿两）

第三步：选取地点桩

由于我们不仅仅要记条约的内容，还要把标题对应记忆下来，所以这里介绍一种通过标题来记忆的地点定桩法，本书称为“场景记忆法”。即通过想象一个与标题有关系的场景作为地点。根据《马关条约》，我们可以想象一匹马被铁链拴在马厩里的场景，并以该场景为地点进行记忆。在这个场景中，我们选取的地点分别为：马的身体、马厩的窗户、拴马的锁链、马厩的地板。

下面看一下总结表格：

地点序号	桩子	关键词	联想
1	马的身体　（马背）	割三岛	在马背上割三刀（岛）
2	马厩的窗户	开放商埠	关着的窗户要打开才能开放商埠
3	拴马的锁链	办工厂	在一条锁链上办工厂
4	马厩的地板	赔钱	把地板弄坏了是要赔钱的

再结合《马关条约》配图来进一步加深记忆吧：

最后一步：还原修正

1.割三岛——辽东半岛、台湾岛、澎湖列岛

回忆：把辽东半岛，台湾岛及其附属岛屿、澎湖列岛割让给日本。

2.开放通商口岸——沙市、重庆、苏州、杭州

回忆：开放沙市、重庆、苏州、杭州为通商口岸。

3.办工厂

回忆：允许日本在通商口岸开办工厂。

4.赔钱

回忆：赔偿日本军费白银二亿两。

这种通过记忆内容来确定对应地点的场景记忆法虽然也属于地点定桩法的一种，但两者还是有不小区别的。

它们的区别在于：

前者利用题目本身，创建一个地点甚至虚构一个场景出来，它的特点是十分灵活、容易上手，而后者使用我们已经储存过的地点（如自己卧室）。从专业性上讲，场景记忆法更加适合初学者，地点定桩法更偏向于专业选手。但是记忆所用的地点桩每个人都可以储存几组，即使不参加比赛在日常生活中也会给我们的记忆带来很大便利。

下面再给大家带来一个场景记忆法的例子：

诸子百家是对春秋战国时期各种学术派别的总称。据《汉书·艺文志》记载，诸子十家为儒、道、阴阳、法、名、墨、纵横、农、杂、小说十家。

如何来记忆这十家呢？

首先根据题目我们找一个场景：因为这里包含了农、杂等，我们可以由此想象一个农家杂院的场景，见彩插8。

记忆：想象在一个农（农）家杂（杂）院的田地里，田地分为了阴面和阳面（阴阳）两个部分。你在其中的一边横（纵横）躺在田地上，悠闲地看着一

本小说（小说）。这时，有一只蠕（儒）动的虫子爬来，爬到（道）了庭院的田地上，一不小心忽然撞翻了一瓶墨水。这瓶墨水是法国的产品，上面还印着法文字，而且是法国的名牌墨水（法名墨）。

看完了地点定桩法的“初级版本”——场景记忆法，是不是感觉很实用呢？其实这种方法的功效还远不止于此。地点定桩法其实是那些最强大脑们几乎每个人都会使用的一种记忆方法，大家只要通过一定量的练习，也能够轻松做到记住很多东西。下面就让我们一起了解一下如何在实际环境中找地点桩吧！

实战环节：

1.路线

首先选取的地点桩最好是身边比较熟悉的场景。比如自己家，工作的环境，学校，常去的公园等。因为这些地点比较熟悉，所以在大脑中构建记忆宫殿时会更加清晰，便于应用。其次选取地点桩时最好不是杂乱无章的，而要按照一定的顺序来选取。路线的方向选择顺时针或逆时针都可以。最后每个地点桩之间最好形成平滑的曲线，最好不要是直线或者急转弯。只有令我们的思维在记忆时很舒服，记忆的效果才能更好。

2.位置

确定了地点桩的选取路线后，我们要开始精挑细选符合地点桩要求的地点。选择时要考虑以下几点：

首先，地点的大小要适中，不要太大或太小，尤其同一个场景里不要大小相差太大，比如一个矿泉水瓶和一座假山出现在同一组地点，这种视觉反差有时反而会干扰我们的记忆。

接下来我们看一个实例：

比如你想用一个沙发作为地点，但这样的效果不如选择一个具体的沙发靠垫好。因为沙发相比一般的凳子、书桌等相对较大，所以我们可以选择沙发的一个具体位置，比如说沙发上的靠垫或者沙发扶手都可以。这样在一个沙发上我们可以找2个地点，同时也可以帮助我们解决地点不够的问题。

其次，要选取特征鲜明的地点。尽量不要选取类似或者有共同特征的地点。因为太相似的地点在记忆时会出现混淆，比如选择一个沙发的两只扶手作为两个地点，这种方式很有可能在记忆时互相干扰。遇到这种情况的时候，可以在脑海中对地点进行适当调整。比如将其中一个沙发的扶手上盖一个毯子进行取代，甚至可以想象改变一种颜色或增加一个特点。现在想象沙发扶手上布满了密密麻麻的小石子，印象是不是更深刻了呢？这便是改造地点技巧。

再次，地点间的距离要适中，既不要太远也不要太近。但如果遇到户外的两个地点间很空旷中间又没有可选取的地点时，我们就可以发挥空间想象力缩短两个地点在大脑中的距离，使它符合地点桩距离的要求。或者也可以在两个地点桩之间虚拟一个地点出来，比如电视和冰箱间的距离比较大，可以在其中“增设”一个椅子作为地点，这便是再造地点的技巧。

有的小伙伴会问：到底多远的距离才最合适呢？

答：这个不用刻意追求，主要看大家的感觉，如果是室内的地点间距会小一些，室外的地点相对间距会大一些，关键在于有利于我们的记忆。

最后，地点要相对固定，例如家里的小狗、婴儿车这种会经常移动的物品最好不要选。因为一旦现实中的物品换了位置，恰巧又是我们的生活场景。那么之前搭建好的宫殿就会出现模糊或者“坍塌”现象，分不清到底哪个是宫殿里保存的。

所以选取的地点一定是不轻易移动的，比如床、沙发、餐桌、冰箱等这类物品。如果是陌生环境的地点桩或者只是为了拍地点才去的，那么这个问题就没那么严重了。我们只需记住拍下这些地点时它们的样子就好。因为大脑里形成了长期记忆，所以不会受到它们改变的影响，也就不会影响我们的记忆。要特别强调的是，同一场景下的地点最好划分到同一组，每一组的数量会以整数为单位。刚开始可以少一点（比如5个或10个）。这样便于我们检索和定位，记忆的效果也会更好。

3.保存

一般我们会对选取的地点桩进行保存和整理，避免遗忘也便于日后复习。由于记忆宫殿法对我们生活中的各类记忆非常有帮助，所以我们可以找几组以备不时之需。为了防止遗忘，可以采用拍照或视频的形式进行保存。另外给每组地点取好名字，分好组别，不要杂乱无章。

有的朋友可能又会问，如何鉴别一组地点找得是否成功呢？

答：只要把握两点：熟悉的顺序性和可承载性。

熟悉的顺序性是记忆的前提。因为这个“顺序”是我们回忆的顺序，这是地点定桩法最大的特点——解决按顺序记忆的难题，所以我们尽量先去选择自己熟悉的地点，比如自己家。

可承载性是指我们选的地点能否合理“容纳”记忆的内容，包括地点和内容大小的匹配。此外不要选择柔软容易发生形变的地点，比如棉花糖等。说白了就是让和地点发生关联记忆的内容能够“舒服”地在地点上待着，地点太大或太小都不合适。有了好的可承载性，地点才能更好地储存记忆的信息，回忆

信息线索才能更清晰。

下面我们就来看看地点定桩法如何记忆下面的10个毫无规律的词语吧！

海豚、冰块、螃蟹、竹子、龙卷风、西瓜、鸡蛋、蘑菇、菠萝、灯塔

下面带着大家一起在下面的图片中找五个地点：

地点1：蓝色的凳子

地点2：中间的空地

地点3：桌子旁的马扎

地点4：一排的彩凳与黑色桌子形成的夹角共同组成一个地点（小提示：物体和它所处的一定范围的空间组成的整体才是地点桩，它是一个有路线、有物体、有空间、有场景感的完整系统）

地点5：黑色桌子桌面

找完了需要的地点只是准备工作，接下来就是要进行关键的记忆环节了。在这个环节里，编码与地点之间的联系将直接决定我们的记忆效果。为此我们应该找到联结最紧密的方式，下面就来一起看一下。

第1个地点：在凳子上有一只可爱的海豚正拿着冰块，不断在肚皮前摩擦。

仔细一看，原来它是在用冰块给自己洗澡啊！

第2个地点：一场春雨过后，地面上长出了一根根鲜嫩的竹子。竹子的清香味道吸引过来了一只可爱的小螃蟹。想象这只螃蟹看见竹子后兴奋不已，并用它的钳不断地夹着竹子。

第3个地点：我们可以想象在马扎上放着一个又大又圆的西瓜，这时一阵龙卷风突然袭来。风力好大，连西瓜都被风卷到了天上去！

第4个地点：在一排彩凳上我们一不小心打碎了一个鸡蛋。可能是由于受到了鸡蛋的滋养，这时从彩凳上长出来许许多多的小蘑菇！

第5个地点：想象由于桌子处在一个相对比较高的位置，所以桌子上有一个灯塔专门负责瞭望。可是突然不知从什么地方飞过来一只巨大的菠萝。突然间"眶"的一声直接砸到了灯塔上。灯塔被菠萝撞得左右摇摆，摇摇欲坠的。

来看一下效果图吧！

你是不是很轻松就把10个毫无规律的词语记下了呢？当然这种方法可以记住按照任意顺序排列几百种甚至上千种事物，这也是在世界记忆锦标赛中和《最强大脑》节目中选手们经常使用的一种方法，只不过他们会事先在头脑中储存几百个甚至几千个地点。当然在日常记忆中每个人只要储存几组就够了，它们也会给我们的记忆带来非常多的轻松和便利。

当你学会运用这种方法时，你不仅可以记住大量的信息，还能快速地定位信息。比如当被问到第2个词语是什么的时候，你马上就能定位到第一个地点上的第二个词语，也就是海豚在用冰块擦拭肚皮。那么自然而然第2个词语就对应冰块了。

二、身体定桩法

身体定桩法是指利用我们身体上的各个部位来帮助我们记忆，缺点是记忆容量有限，因为我们的身体部位本身就是有限的。但是，身体定桩法也有明显的优点，即可以随时随地用、顺序熟悉且记忆深刻，毕竟自己的身体是再熟悉不过了，因此这种方法具有很高的灵活性和熟悉度。

你对12星座了解多少？你能把他们按照顺序背出来吗？这对于很多人来说可能很难。接下来让我们尝试该如何记忆12星座吧！

水瓶座、双鱼座、白羊座、金牛座、双子座、巨蟹座、狮子座、处女座、天秤座、天蝎座、射手座、摩羯座。

我们首先还是要在自己身体上找对应的12个身体部位。注意找的时候不要盲目，最好要按顺序从上往下或者从下往上。根据下图我们找出的12个身体部位桩子如下：

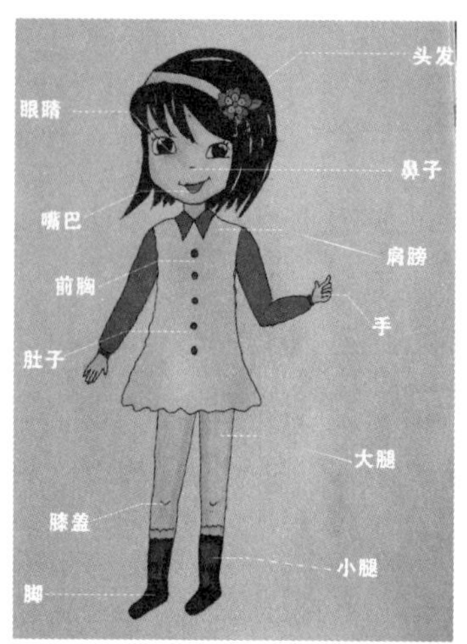

接下来就进入最关键的联想了，联想的好坏直接关系到我们的记忆效果，下面看看具体的联想过程：

头发——水瓶座

记忆：现在来摸一下我们的头发。想象由于我们早上刚洗完头，头发上还是湿漉漉的，同时还在滴着水。我们由此可以联想到水瓶座。

眼睛——双鱼座

记忆：想象一个人的眼睛长得就像鱼的眼睛一样清澈透明，是不是很有感觉了呢？因为人有两只眼睛，所以对应的是双鱼座。

鼻子——白羊座

记忆：想象在鼻子周围竟然长出了一团一团的羊毛。

嘴巴——金牛座

记忆：我们可以想象这个人的嘴巴非常大，就像鲨鱼的嘴巴一样，一口就咬住了一头金牛。

肩膀——双子座

记忆：想象我们的肩膀突然感觉有点沉。定睛一看原来是肩膀上面一边坐

着一个可爱的孩子啊！

前胸——巨蟹座

记忆：下面想想我们的前胸有一只巨大的螃蟹在上面趴着，这只螃蟹身上还带着泥土，想想就觉得特别不舒服吧！

肚子——狮子座

记忆：想象有一只凶猛的狮子向着你的肚子一口咬住，给你疼得“哇”的一声惊叫起来！

手——处女座

记忆：想象自己的手上不知什么时候突然出现一只仙女，而且就坐在你的手上，有没有感到心动呢？

大腿——天秤座

记忆：想象有一杆巨大的天平不知道从什么地方飞过来，以飞快的速度磕到我们的大腿上。把大腿都磕出血了，同时还伴有强烈的疼痛感。

膝盖——天蝎座

记忆：想象从天上落下来一只巨大的蝎子，蝎子用它锋利的钳子夹了你的膝盖一下，疼得你简直都快要哭出来。

小腿——射手座

记忆：想象爱神丘比特的箭一下就射中了我们的小腿。

脚——摩羯座

记忆：由于每天出门走路奔波劳累因此还磨（摩）出了脚泡。（谐音法对应，即摩羯座）

接下来让我们再回忆一下，是不是已经顺利地把12星座按照顺序记下来了呢？其实不妨试一下正背和倒背。倒着背的时候只需要从后往前回忆身体桩子就好了，比如说第11个星座，你从后往前“调取”第2个地点上的信息即可。是不是掌握了方法的你也能做到“倒背如流，过目成诵”了呢？

三、数字定桩法

数字定桩法是指将带有逻辑顺序的数字作为桩子。优点是记忆容量大，提取速度快，而且可以向朋友们、家人们展示抽背和点背。缺点是需要熟悉数字编码，比较其他方法可能略有难度。不过相信大家只要稍加练习，就可以将此方法掌握得很好。

很多人去超市采购都要先列一个采购清单以免遗忘。对于琳琅满目的商品有没有什么记忆法可以帮我们快速记下呢？

当然有！

今天你和爸爸去超市要买下面的十样东西，来看看用了数字定桩法后你能不能在两分钟之内就全部记住呢？

爸爸的购物清单				
南瓜	萝卜	筷子	水蜜桃	一次性纸杯
卫生纸	牙膏	巧克力	西瓜	洋葱

请先回忆一下之前讲过的数字编码……

按照数字的位数不同，数字编码又可分为单位数字编码（0—9）双位数字编码（00—99）。因为在这里我们要记忆的信息是十个，所以我们可以直接选用1—10来完成记忆。接下来让我们看看具体应用吧：

1——蜡烛——南瓜

记忆：在万圣节的时候，我们都会把点着的蜡烛放进南瓜里，做成南瓜灯。

2——鹅——萝卜

记忆：想象一只鹅在水里畅游。这时突然出现一只巨大的萝卜从天而降，并以迅雷不及掩耳之势落下来，竟然直接插到了鹅的脖子上！

3——耳朵——筷子

记忆：我们想象现在拿一双筷子去夹我们的耳朵，给我们的耳朵都夹疼了。

4——帆船——水蜜桃

记忆：可以想象今年的水蜜桃大丰收！竟然都用一艘艘的帆船来运送，船上的许多水蜜桃都快把小船给压坏了！

5——钩子——一次性纸杯

记忆：一次性纸杯一个个都堆在了一起，好像一座小山一样。想象我们用钩子一个一个地将一次性纸杯钩回家。

6——勺子——卫生纸

记忆：卫生纸浸湿了以后湿漉漉的，我们不小心没拿住，突然落到了我们吃饭的勺子上。勺子的表面到处布满卫生纸的残渣，怎么弄也弄不干净，想想就觉得特别不舒服。

7——镰刀——牙膏

记忆：想象我们手里拿着一把锋利的镰刀。现在我们拿着镰刀一不小心砍到了一管牙膏上，里面的牙膏顿时全部都“呲”的一声飞了出来，直接溅到我们的脸上。

8——葫芦——巧克力

记忆：在你面前的桌子上摆着一只葫芦。是不是很好奇葫芦里到底装着什么灵丹妙药呢？把葫芦倒过来看看？原来葫芦里装的并不是什么灵丹妙药，而是一块一块的巧克力！

9——哨子——西瓜

记忆：我们可以将哨子拟人化，想象哨子追着西瓜来回跑，好不容易追上了西瓜并对她一见钟情，最后竟然向西瓜表白了！

10——棒球（棒）——洋葱

记忆：我们拿着一根棒球球棒，直接拍打在了一颗新鲜的洋葱上，没过一会儿竟然把洋葱都打成了洋葱末！

四、万事万物定桩法

按照提取背景的不同，可以将定桩法分成身体定桩法、数字定桩法等不同的记忆方法。相比之下，万事万物定桩法有个其他方法不具备的显著好处：应用十分广泛且没有容量的限制。生活中你喜欢的任意一个物品都可以作为记忆的桩子，就看聪明的你有没有一颗善于发现的眼睛哦！

下面以高一地理的一个重要知识点为例：

地球的内部结构由外到内分别是：地壳、地幔、地核

地壳与地幔的分界面为：莫霍界面

地幔与地核的分界面为：古登堡界面

现在让我们来一起分析一下：很多同学可能存在的想法是每个名词都比较难记，容易混淆。但相信你用了下面的方法，只需一遍就能够完全背下来。

让我们先找一个物品来作为地点吧！在选择的时候最好和我们要记的内容有一定联系，这样可以有利于我们更快回忆出对应内容。比如说很多同学上课时为了能看清黑板戴上了眼镜。眼镜对我们来说，已经是再熟悉不过的物品了，而且在生活中非常常见，因此我们不妨拿眼镜作为“载体”，下面来看一下眼镜神奇的妙用吧！

我们一起来开动大脑，想想在眼镜上我们可以找哪几个地点呢？

我们首先来看看眼镜的构成：两条眼镜腿、两个眼镜片、眼镜梁。一共是五个地方，这五个地点可以正好对应了地壳、地幔、地核、莫霍界面和古登堡界面。

下面开始实战：

第一个知识点：地球的内部结构由外到内分别是地壳、地幔、地核。

分析：我们可以用左边的第一个眼镜腿来记忆地壳。然后眼镜梁记忆地幔，右边的眼镜腿记忆地核。

记忆：想象一个鸡蛋从远方扔了出来，一下子砸到了左边的眼镜腿上，“啪”的一声鸡蛋碎了！眼镜腿上到处沾满了鸡蛋液和鸡蛋壳的碎片，是不是想想就很壮观呢？接下来想象一个从天而降的热气腾腾的大馒头砸在了眼镜梁上面，“咣当”一声，都快要把眼镜梁压断了！最后我们按照顺序来看右边的眼镜腿，想象在右边的眼镜腿上竟然出现了一个核桃！这个核桃竟然还在眼镜腿上面翩翩起舞，与此同时你仿佛还闻到了核桃清香的味道。

第二个知识点：地壳与地幔的分界面为莫霍界面。

分析：下面按照顺序，我们选择左边的眼镜片进行记忆。

记忆：想象左边的眼镜片上突然变得很烫。仔细一看原来是左边眼镜片上开始着起了火！用你的小手一摸——“哎哟！好烫啊！”，然后瞬间将手缩了回来。

这样就利用谐音“摸火”便将莫霍界面记下来了。

第三个知识点：地幔与地核的分界面是古登堡界面。

按顺序我们该用右边的眼镜片进行记忆了。可以想象在右边的眼镜片上立着一个凳子，你坐在上面还感觉摇摇欲坠的。这里也是利用了关键字的谐音“凳”，很快就能回忆出古登堡界面了。

下面欣赏一下配图吧：

第五章 综合记忆法之学科应用

第一节 语言学习篇——英语单词记忆十大方法

词汇是构成一门语言的基本材料也是英语的根基。

单词记得牢才能有句意，阅读与写作才能有所提高。如果把语言结构比作语言的骨架，那么词汇就为语言提供了重要的器官和血肉。所以说词汇量是制约英语学习效率的最重要因素。很多学生认为学习英语时遇到的第一个“拦路虎”就是词汇。这里篇幅有限，笔者不可能在这里涉及所有的单词。本书总结了记忆英语单词中最常用、高效的方法，并通过一些具有代表性的例子来展示超级记忆法在记忆英语词汇中的体现。

一、词根词缀法

我们知道，英语中每个单词都是由词根词缀构成的，而词根词缀一般又有自己的含义。这就给我们提供了一个思路，即通过记忆英语单词中常见的词缀同某些词根的搭配来记忆派生词。英语的来源虽然复杂，但只要掌握了这些规律就能产生意想不到的作用。

词根词缀就好像汉语中的偏旁部首，只要抓住词根的形和义，就可触类旁通地掌握整组同根词的形和义，并能通过它找到一系列的相似单词。

下面先来简单了解一下单词的构成：单词是由前缀+中缀+后缀构成的。其中前缀有两个作用：一是表示程度，二是表示（改变）方向。中间的中缀则代表单词原本的意思。后面的后缀则代表单词的词性，是决定单词词性的重要标记。

下面我们来看progressive这个单词：

progressive可以拆分为三个组块：pro–、–gress、–ive。

pro–：表示“前”的前缀；

–gress（=go，walk）：表示“走”的中缀；

–ive：表示形容词的后缀。

这样把单词合在一起就是：向前走。便可进一步推出向前走就是进步的意思了。在这里我们还可以进一步扩展：比如说表示“前”的前缀有pro/pri/pre/pru等。再来举一个pre为前缀的例子，看一下这几个单词你都认识吗？

单词	含义
school	（名词）学校
position	（名词）位置
caution	（名词）谨慎
judge	（名词）判断
fix	（动词）固定

我们之前提到前缀“pre–”表示“前”的意思，那么下面的一组单词你都可以打包带走啦！

preschool 作名词

记忆：在前面的学校引申为预先要上的学校，想一想在上学之前，首先要上什么学校呢？对啦！这个单词就是幼儿园的意思。有的同学可能只背了kindergarten，但没有背preschool，现在可以总结起来啦！

preposition 作名词

记忆：当我们要表示一个位置时，在前面往往会加上一个介词。所以preposition便是介词的意思了。

precaution 作名词

记忆：在事情发生之前就要小心谨慎，就是预防、防备的意思。

prejudge 作动词

记忆：想象一下在事情发生之前进行判断，即可以引申为预先判断、过早判断的意思。

prefix 作名词

记忆：想想在前面而且表示固定作用的词是什么呢？哈哈！原来它就是我们一直说的“前缀”啊！

再来看progressive里面的中缀—gress有“走”的意思，下面已经总结好了有关“gress”的一系列单词，赶快一起来看看吧！

aggressive *v.*侵略，攻击

记忆：ag–表加强；—gress表行走；—ive动词后缀

→到处行走，闯了别人家的地盘→攻击，侵略

congress *n.*代表大会

记忆：con–表共同；—gress表行走

→走到一起→代表大会

digress *v.*离题

记忆：di–表偏离，使……分开；—gress表行走

→走偏了→离题

egress *n.*出口，出路

记忆：e— 出；—gress表行走

→走出去的地方→出口

ingress *n.*进入

记忆：in—进；—gress表行走

→走进去的地方→进口

transgress *n.*违背

记忆：trans—横；—gress表行走

→到处横行，违背了规则→违背

regress *n.*倒退

记忆：re—向后；—gress表行走

→向后行走→倒退

看完了这么多例子是不是感觉词根词缀法很神奇呢？事实上，利用词根词缀法记忆单词还有两大显著好处：

1.减少单词组块

如上面的例子，单词progressive对于没学过的人来说，是由11个字母组成的，也就是11个组块，而词根词缀法只需记住3个组块即可。词根词缀法通过扩大每个组块的范围，扩充了我们对单词的记忆量，最终实现以一记多的目的。我们可以把词根词缀理解为：对常见的字母组合进行的再编码。此外，拥有相同词根词缀的单词间意思又往往相近，因此可以将这些单词一网打尽。

2.推测单词词义

回想一下我们小时候学习汉字时，都是先从偏旁部首入手，然后再学习具体的汉字。字典中的部首查字法也证明了偏旁部首在学习中的重要程度。其实在英语中词根词缀与汉语中的偏旁部首有异曲同工之处，通过词根词缀的分析也能大致猜出单词的意思。并且随着词汇量的增加，大脑中构建的单词架构就会越完善，因此用词根词缀记忆单词会越来越轻松，甚至这种方法

还可以在诸如阅读猜词题等问题中应用。

先举个简单的例子：对于单词progenitor可能很多同学都不认识，即使根据上下文语境也很难看懂，这时词根词缀就可以作为一种绝佳方案来解题了。

我们知道pro－是前缀，表示“前”的意思，中缀－gen可以看成单词gene（基因），又进一步引申为generate（生产）。该单词的后缀以or为结尾，而－or做后缀通常指“人”。由此我们可以推测出：一个在我们之前就已经产生了基因的人，不就是我们的祖先吗？

再来看下面一个单词：superman

这个单词想必大家都比较熟悉，翻译为“超人”，它就是由super和man两个单词构成的合成词。我们可以想象：超人由于具有超能力所以在飞的时候飞得很高。到此，我们把前缀super－的含义就弄清了：它既可以表示超过某一事物、高于某一物体，又可以表示在上面，也可以理解为在物体表面。

弄清含义之后，我们将带有前缀super-的单词进行汇总：

supermarket：super－+market（市场）→*n.*超市

superior：super-+i（中缀）+or（后缀，表示人）→形容超越某人→*n.*上级

此外，前缀super-还有一个常用的变体sur-，也表达类似的意思。例如单词surgeon是外科医生的意思，其中的前缀sur-可以理解为表面的，是一个引申义。后缀-on表示人，所以可理解为：外科医生诊断的疾病都是在人体表面的，就可以自然地理解这个单词的意思了。

然而你知道吗？英语中的词根词缀有的可以由简单的单词直接推导出来，有的则在语言的不断发展中发生了一些改写。利用这一规律你可以将更多的单

词一网打尽，不信我们来看一个例子吧！

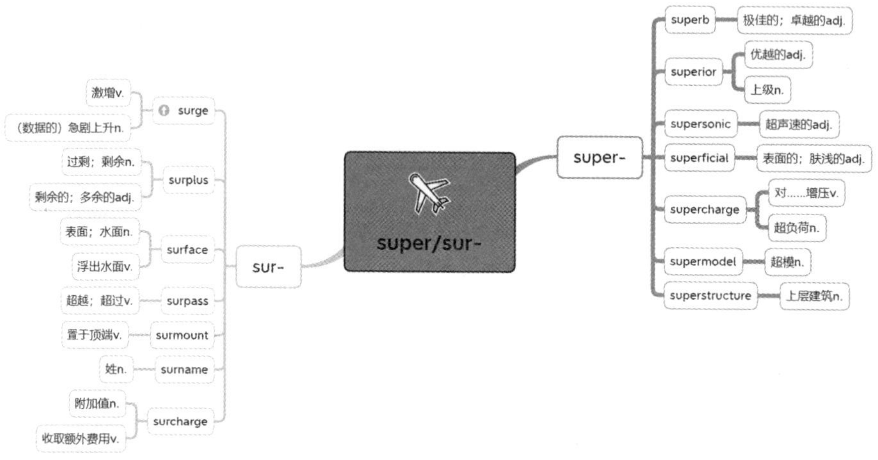

经过该思维导图的整理，我们发现，通过一个最简单的superman推导出的词根竟然一次性就记住了14个单词，比起之前一个个地背单词是不是效率瞬间提高了呢？

我们再来看第二组单词：

nature作名词意思有：天性；本性；自然

其中的nat–前缀表示“出生”

记忆：

出生就有的行为→天性；本性

大自然是地球母亲出生时送给我们的礼物→自然

nation作名词意思是：国家

其中的nat–前缀依然表示“出生”，ion–是名词后缀

记忆：

你出生的地方就是你的国家。

到此为止，如果你觉得词根词缀法只能顺带记住2、3个单词的话那可就

错了，利用好下面的思维导图，将这些单词统统带走吧！

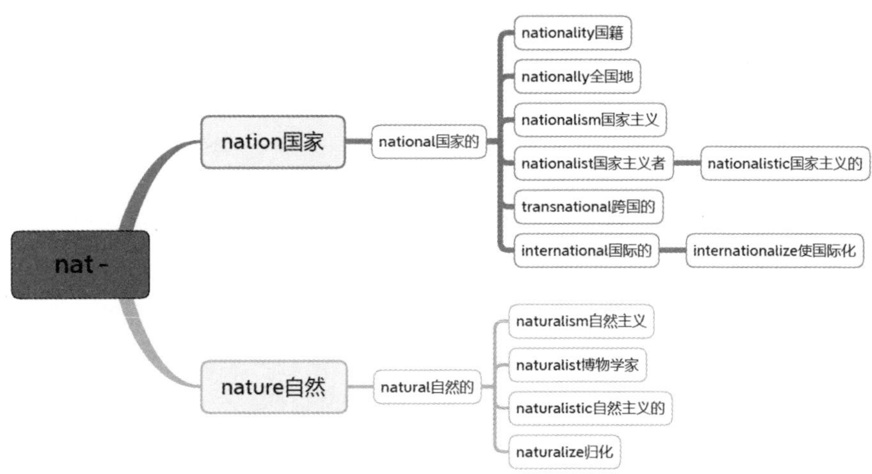

通过整理本张思维导图，我们再次轻松记住了16个单词。这也正是词根词缀法强大的功能所在，充分体现了记忆法以熟记新的原则。

二、熟词法

我们从小学到现在已经学过了一定量的单词，也就是头脑中已经存储了相关经验，而英语中也不乏由熟悉的词构成的合成词。熟词法的这一优势也给我们的背诵提供了巨大便利。熟词法是指在单词中找到自己熟悉的单词或熟悉单词的部分。我们可以利用构词法分析它们的词形结构并探求它们的词义，通过形义结合记忆单词。

比如单词overestimate表示过高估计的意思，就可以拆分为over（超过）+estimate（估计）两个熟悉的词，即为超过估计的、过高估计的意思了。再来看看safeguard作动词表示保护；名词表示安全装置、保护措施。可以把它拆分成safe（安全）和guard（看管），然后联想成：能做到安全的看管就是一种最好的保护措施了。

上面例子中的单词原本由多个字母组成，而变成熟词之后便只剩下了2个组块，这样通过扩大组块容量来减少记忆单元的方式，也体现了熟词法高效记忆的原理。

熟词法最大的优势是：随着我们学过的单词越来越多，头脑中积累的经验也就越多。相反，如果你没有一定量单词的积累，这种方法的优势就无法体现了。可见平时的学习积累还是很重要的哦！利用好这种方法也可以帮助你在不知道单词意思的情况下进行合理猜测。例如，单词teamwork是“团队合作”的意思，由两个我们熟悉的单词：team（团队）+work（工作）组成，我们可以联想一个团队在一起完成工作，推出团队合作的意思。

熟词法除了刚才提到的方式，还有其他形式。接下来就介绍一种词中找词的方法。它适用的范围相对更广，如果一个单词不是由我们认识的词直接构成的，可以将其通过一定的变化转化成我们熟悉的词。

比如来看下面的2个例子：

1.stir *v.*搅拌

分析：我们把其中的sir这个我们学过的熟词单独拆出来，剩下的一个字母我们用字母编码即可。

拆分：–sir 先生 –t 编码（雨伞）

记忆：一位先生拿着一把雨伞在进行搅拌。

2.whisper *v.*耳语

分析：我们把其中的his（他）这一学过的熟词单独拆出来，–per这个部分可以联想成我们熟悉的单词“pear”（梨子），最后剩下的第一个字母w只要单独记忆即可。

拆分：-w 、-his他、-pear梨子

记忆：w他自己拿着一个梨子去跟他的好朋友低声耳语，似乎还在述说着什么秘密。

可能有的同学看到这里会想，用这种方法我最后会不会错写成“whispear”呢？

这个问题大可不必担心，实践证明这种情况很少见。因为我们的大脑是有经验的，所以会在输出的时候自动进行“过滤”。而且当我们熟悉了这个词后，会直接写出这个单词而不用先去联想相关的“故事”，这就是记忆法中的“记忆过河拆桥论”。有点像我们前面学到记数字“14”时，会先联想到谐音“钥匙”，然后再呈现出钥匙的图像。在你达到熟练之后，这个中间过程几乎完全不存在了，此时便达到了所谓的“直映”效果，即直接出图像而没有中间转化的过程，这也是后期通过大量练习可以达到的效果。

三、多角度整合法

英语单词数量庞多，很多学生感到无从下手，而实际上这些单词之间是存在着逻辑关联的。既然这样，如果能找到一种方法将多个单词整合在一起岂不是就能轻松地记住它们了？这就是接下来要介绍的方法——多角度整合法。

前面讲过的思维导图特别强调了发散性思维的重要性，没错，实际上思维导图中应用的原理正好可以迁移到英语单词的背诵中来。该方法的重点在于“角度”，因此我们说整合法可以大幅提高我们的联想能力，有利于我们将单词按照特点系统地进行分类并加以组织。因此只要掌握了系统分类的思想，就能将各种单词连带起来进行记忆。

例如下面的一个单词right我们将从七个方面进行联想，分别是：同义词、反义词、同音词、类义词、形近词、常见搭配和习惯用语。

角度1：同义correct

角度2：反义wrong，left

角度3：同音write

角度4：类义front，behind，left，center

角度5：形近eight，bright，might，fight，light

角度6：搭配right now ，right away

角度7：习惯用语all right

以上将一个单词从7个角度进行了展开，这样一来，仅通过一个单词引发出来的7个角度，一下子掌握了16个单词，是不是感觉很厉害呢？

下面我们通过思维导图再来整理一下吧：

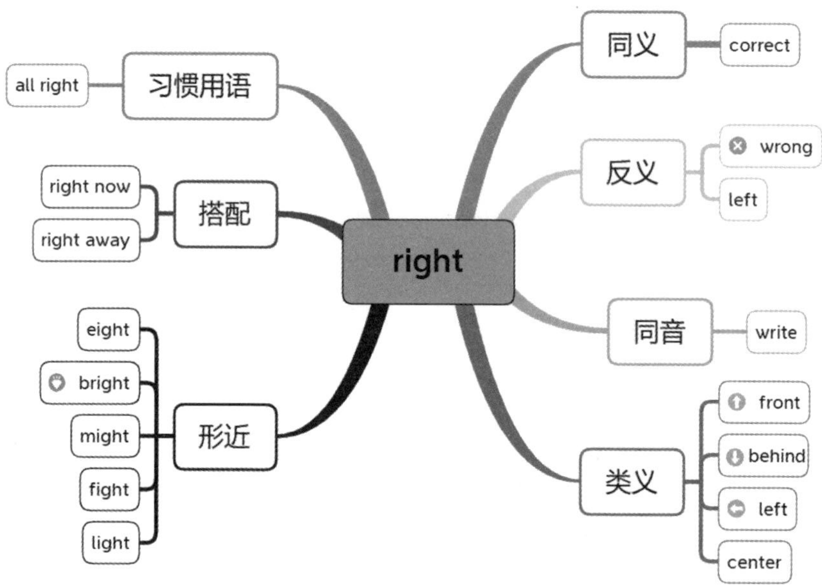

除此之外，我们还有其他方式进行单词的整合，比如之前提到的词根词缀法就是一种不错的将单词进行整合的方式。记忆英语单词的十大方法并不是相互孤立的，而是相互之间有关联的。如果能利用好这十大方法并合理使

用，相信你的记忆力便可上升到一个新的高度。

再来看一个例子：

形容词certain（肯定的；一定的）

名词certainty（确定；必然）

副词certainly（肯定；当然）

动词certify（证明；保证）

这是四个以certain为词根的同根词。certain 既是四个同根词共同的词形部分，同时又决定了单词的基本含义。

这种方法同样非常适合用在英语作文上。很多同学对英语作文最大的痛点在于：找不到适当的单词，即使写出来，大部分也都是简单词汇。这其实并不难理解，毕竟我们的母语是中文。在考试的时间压力和紧张状态下，我们的大脑第一时间反应到的只有那些最基本、最简单的词汇。为了解决这个问题，我们可以在平时利用思维导图这一强大的思维工具，以达到事半功倍的效果。

例如，我们看下面一段在考场作文中同学写的一段话：

Edison is a very famous scientist. In his life, he has invented many important things. So Edison is called "king of invention".

对应中文：爱迪生是一个非常著名的科学家，他在一生中发明了很多重要的东西，因此被称为“发明大王”。

我们把这句话中四个几乎在每篇作文中都能遇到的词汇进行汇总：

very、famous、many、important

接下来我们拿many举个例子。当我们想表达什么东西很多的时候，思路可能就被局限在“多”这个狭小的范围里面了，所以只能想到“孤零零”的many。其实表达“多”的意思还有不少，我们不妨展开想象，试试看你还能想到哪些跟“多”相关的含义呢?

比如形容一个东西很多，可以形容为“充足的”（enough、sufficient），或者是“无数”（countless），甚至可以用一个成语“数不胜数”或者是“无法计数”（innumerable），还可以是词组（a host of）。总之，在英语中有很多种方式都可以表达一种含义，经常积累这样的单词不仅有助于提高我们的写作水平，也有助于英语整体水平的提升。

下面来汇总一下:

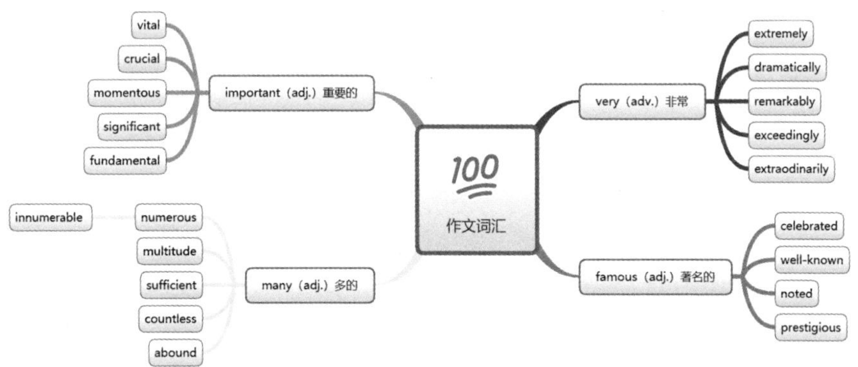

看过上面这张思维导图以后，思路是不是一下就打开了呢?这样之前的那段文字就可以改成:

Thomas Edison,a world-renowned scientist,who persisted in inventing a host of devices continuously,thus acquiring the reputation of "king of invention".

像上文那样，利用高级词汇来替换之前的表达，是不是你的整篇作文瞬间提升了一个档次呢?对比上面的两段作文，如果你是阅卷老师，你会更倾向哪一段呢?

尽管这些单词意思不完全相同，但在考试写作文等大多数情况下都是不

会做仔细区分的，因此完全可以把这些词当作是一个意思。这样我们的学习效率是不是又迈上了一个新的台阶呢？在平时的学习中，大家也要注意多总结，不能写完一篇英语作文或者做完一篇阅读理解就匆匆放过。可以想想作文中的哪些单词可以升级？想想阅读理解中的哪些高级词汇和用法可以为己所用？这样日积月累，你也能成为别人眼中羡慕的“词霸”。

四、情景法

情景法具体指通过句子或者文章来背单词的方法。原理是利用上下文的语境和逻辑关系来辅助记忆。教育心理学中的建构主义学习理论认为：知识存在于具体、情境性的活动之中，学习应该与情境化的社会实践活动联系在一起。有时候已经背过的单词还是不会实际应用的原因究竟是什么呢？因为通常我们背单词只是单个单词直接背诵，而没有在具体句子中利用语境的辅助作用。即便一时记住了，当再次看到这个单词时，还是会有种“最熟悉的陌生人”的感觉。

我们的大脑更善于记录有丰富语境背景的内容，因此这种方法也是西方一些学者大力推荐的学习词汇的方法。它也有利于我们的考试，比如完形填空、语法填空就是对情景的直接考查。间接考查的题型就更多了，甚至在我们阅读文章的时候，情景也是我们能否读懂的一个十分重要的因素。实验表明，多看英语电影可提高英语的口语和理解能力。因为电影中的对话是与具体情节相匹配的，更加有助于观众的理解和记忆。很多英语学得好的同学正是通过积累电影中单词的方法来提高成绩的。

此外，采用情景法还有一个大的优势：通过上下文之间的逻辑来猜测生词的意思或者文章所要表达的大致含义。其中逻辑又是至关重要的，逻辑通过连接词来体现，连接词可分为两种：一种是连词，主管句内逻辑；另一种是连接性副词，主管句间逻辑。

下面对连接词进行一个小总结，可以让大家更清楚地把握上下文逻辑，同时对大家的英语写作也有很大帮助。

表并列：and、as well as、either...or、neither...nor、same...as

表递进：moreover、what's more、furthermore、in addition

表转折：however、by contrast、on the contrary

表举例：for instance、such as、for instance

表条件：as long as、on condition that

表强调：certainly、most importantly

表目的；in order to

表总结：in a word、in summary、generally speaking、in general

五、系统复习法

前面讲到过记忆的复述策略告诉我们：记忆的关键在于重复。根据艾宾浩斯提出的先快后慢遗忘规律，最好的复习应该在还没有遗忘全部信息之前就要开始，有效的复习应该采取先密后疏的原则。

比如我们今天上午背完了50个单词，那么第一次复习应该安排在晚上睡觉前，因为没有后面信息输入造成干扰。第二天醒来时我们要首先复习的前一天的单词，然后开始背诵第二天的内容。第二天晚上先复习第二天的单词，然后再回头复习第一天的单词。第五天再从第一天所学的复习到第四天的内容，这一天作为一个复习缓冲，不必学习新的单词。如此循环往复，复习起来的效果会更有利于记忆的保持。

目前网上有很多关于艾宾浩斯记忆曲线表复习的方法，这种方式的原理

是根据短时记忆和长时记忆的周期作为一个复习循环，即在我们没有遗忘全部信息之前就进行巩固，例如2天、4天、7天等。大家可以借鉴这种形式快速复习。假设把要记的单词分块，每天新学习两个单元（list）可采取如下的策略学习和巩固：

第1天：学习list1、2，复习list1、2

第2天：学习list3、4，复习list1、2、3、4

第3天：学习list5、6，复习list3、4、5、6

第4天：学习list7、8，复习list1、2、5、6、7、8

第5天：学习list9、10，复习list3、4、7、8、9、10

第6天：学习list11、12，复习list5、6、9、10、11、12

第7天：学习list13、14，复习list7、8、11、12、13、14

六、多角度感官法

现代科学研究表明：人从视觉获得的知识能够记住25%，从听觉获得的知识能够记住15%，若把视觉和听觉结合起来则能够记住65%。人有五种感官，俗称“五感”，即视、听、味、嗅、触。一个感觉通道给我们的感觉往往不是很深刻，建立的联系自然也不够紧密。多通道记忆就能动员大脑各部分协同合作并加深对信息的组织和理解，自然留给我们的印象就更加深刻。很多同学在背单词时都在用一种惯有的方式，比如反复读个不停或者反反复复地抄写。这种通过单一的渠道记忆的方式被称为“单通道记忆”，不仅效率不高还会令人产生厌恶情绪，最终只是手或嘴在勤快，脑中的思绪可能跑到别的地方去了。

运用五感来记忆单词，好处有两点：一是加强了对学习的参与性和主动性；二是缓解了单通道的疲劳，容易激发更高的积极性。例如在我们背

blueberry（蓝莓）这个单词时，如果能一边背诵，一边想象蓝莓的样子和味道，则会帮助你更快地记住这个单词。这也提示我们，背诵时要做到“眼看、口念、耳听、手写、脑记”五官并用，增加对各种感官的多种刺激。

七、绘图联系法

我们前面提到，大脑在处理图像信息时，效率要比处理文字信息高出很多倍。双重编码理论也认为，人的记忆中有表象编码和言语编码两种明显不同的编码形式，形成视觉表象有助于增强联想效果。对于较难记的单词，可以在单词的旁边画一个简笔画辅助记忆。尤其是面对一词多义的时候，就可以把单词的多个意思通过一个图画体现。（注意不用画得太复杂，自己能知道是什么就可以，越简单越好。）

下面以三个例子由浅到深地进行讲解，大家要认真体会这种方法的精髓哦！

例1：watermelon-n.西瓜

解析：西瓜可以拆开成两个熟词：water和melon。我们可以在旁边画一瓶水和一个西瓜。想象用水往西瓜身上倒的图片。记的时候可以这样联想：拥有汁水很多的瓜就是西瓜。

即使我们回忆不起来的时候，可以先联想到西瓜的样子，然后联想到西瓜被水淋湿的画面。这样单词的前面部分water－就想起来了，然后由water－就很自然地想到了－melon，这有点像我们在思维导图中用到的配图，且其原理都是一样的。

例2：一图搞定4个单词、8个意思

bound作名词：跳跃；界限，限制

round作形容词：圆形的，环形的

sound作名词：声音，响声

around作副词：围绕，环绕

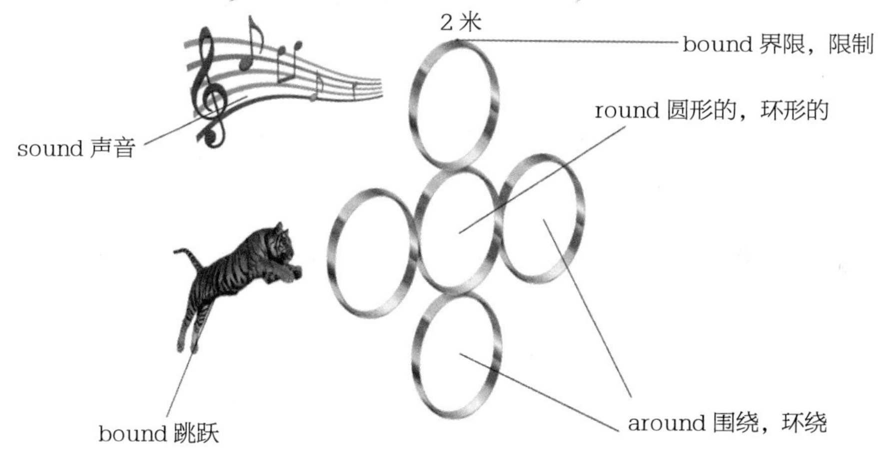

解析：想象在音乐的烘托下，有一只老虎在马戏团里表演着精彩的“跳圈”节目。

例3：haul作名词：拖，拉；托运；一次获得的数量。作动词：用力拖，（用车等）运送。

这个单词在这里列举了五个意思，我们可以在单词的旁边画一辆“小卡车”的简图。

解析：想象这辆小卡车第一次托运就拉了2500kg（一次的数量）这么多的快递，小卡车只好用力拖着这些快递，准备运送到“它们”主人的家中。

看了上面的解析感觉怎么样？只通过简单的一张图就把多个意思都记下来了，高效率的同时是不是也能感受到一定的趣味性呢？

有的同学可能又要问：如果自己画画不好怎么办，画图不会耽误时间吗？这个问题其实大可不必担心，我们大脑对于图像的记忆能力远超出你的想象。更何况我们不是参加专业的比赛，而是为了方便自己记忆，所以画得多简单都可以。例如可以像下图这样：

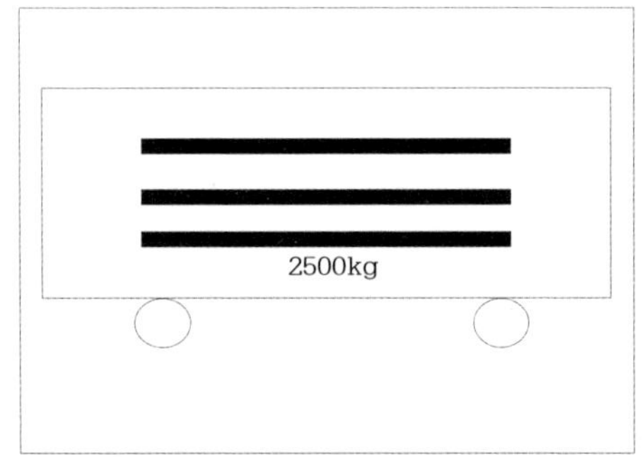

绘图法还有另外一种形式，它是将一类单词通过图片形式呈现出来，这里的图片起到一个“汇总”的作用，有点类似于前面讲过的“场景记忆

法”。比如下面12个身体部位的英语单词就可以用一张人物图片来表示。当然还有不少这样的例子，比如用一个室内装修图“汇总”所有常见家具的单词，画一个盛满水果的货架将所有需要掌握的水果“汇总”等。

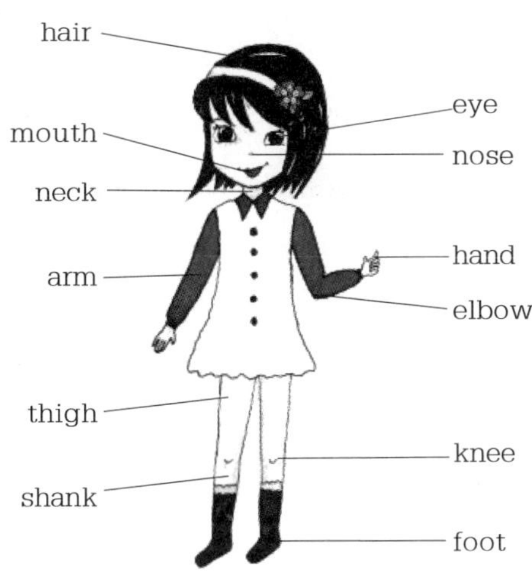

八、编码区分法

编码区分法指的是，两个或多个相似的单词，找到其中不一样的特征，并将该英文字母转化成形象的代码，最后通过编码进行区分。先来回忆一下之前提到过的两种字母编码的形式——拼音和象形。

下面我们看一下具体应用：

比如说要记mild（温柔的）和wild（野蛮的，野生的）这两个词。

它们都是形容词而且字母拼写也很像，很多同学容易混淆。我们经过分析其实不难发现，关键就在于这两个单词的首字母不同——即字母m和w。

接下来就该到字母编码派上用场的时候了，字母m我们可以想象成一只小绵羊，因为小绵羊会发出“咩咩”的叫声，而字母w的形状像不像一顶皇冠呢？然后让我们发挥想象力，小绵羊长得那么可爱，是不是就给人感觉很温柔（mild）呢？而带着皇冠的人又显得高傲很有架子，听不进别人的建议，是不是给人的感觉就是很野蛮（wild）呢？

再来一组学习一下详细步骤吧！

delay和decay，一个是衰减一个是拖延，你能分清到底哪个单词是衰减哪个单词是拖延吗？

下面我们看看具体步骤：

第一步：提取关键字母：l和c。

第二步：编码联想：l长得像一根棍子；c想象成一个月牙。

第三步：单词匹配联想。

delay（l）：一个棍子来瞎搅和，把重要的事情都拖延（delay）了。

decay（c）：月牙由于长时间地围着地球转，它的能量已经衰减（decay）了。

现在大家思考这样一个问题：单独一个单词可不可以使用这种方法呢？其实也是可以的哦！

下面以grim（严厉的，讨厌的）单词为例：

首先进行拆分：g–、–rim。其实后面这个部分–rim可能好多同学也接触过，它本身作名词就是边框的意思。关键就在于第一个字母——g如何编码了，这里我们采用单字母编码，这次不妨用拼音转化试试看：g根据拼音可以很容易联想到哥哥的“哥”。最后利用联想：想想你的哥哥（g）限制你好多想做的事情，还给你设置各种条条框框（rim），是不是感觉哥哥很严厉同时又稍微有一点点讨厌呢？这样记单词是不是感觉轻松多了？

小贴士：这里不建议把所有的字母编码都进行总结，这样可能会浪费一部分时间。因为我们的目标是实用，所以只需要熟练掌握编码的形式，用到的时候根据具体的单词选择最方便自己记忆的就好。

九、多义串联法

我们知道，随着英语学习的深入，一个单词需要掌握的往往不只有一个意思。在很多英语考试中，单词最熟悉的意思往往不作为重点，考察的却偏偏是我们不熟悉的含义。这种考法叫作“熟词生义”，面对这样的情况我们只有尽可能多地积累并熟记单词的其他含义。不过利用下面要介绍的多义串联法就可以轻松搞定啦！

多义串联法是指针对一个单词有多个意思的时候可以将多种意思用一种联想的方式编成一个“小故事”。它的应用也十分广泛，前面我们举过词语、历史事件、首都的例子。下面我们来看看面对一词多义的单词时，以联想为基础的多义串联法究竟有什么奇效。

接下来看这样一个例子：

racket作名词时有三个重点意思需要我们掌握，分别是：（网球等的）球拍，敲诈、勒索，喧嚷。

我们就可以用联想的方式进行串联联想：我拿着一个球拍去街上勒索那些喧喧嚷嚷的人们。

这样是不是轻松就将三个意思都记下来了呢？是不是感觉很有意思呢？还没过瘾的话，我们再来挑战一个难度更大的单词：

contract作动词：缩小；感染（病）；订合同；染上（恶习）。作名词：合同。

接下来让我们一起联想：一个人和卖虚假缩小药丸的卖家订立了合同，从此感染上吃这种药的恶习，长此以往身体还容易患感染性疾病。

有没有感到惊讶？这样一个有趣好玩的故事已经把我们考试能考查的五

个意思全都串联起来了！就好像一根锁链一环套一环形成整体，由一个意思便可回忆起全部。由于是自己参与其中并且想象这个场景的，所以我们的记忆还会保持较长时间不会遗忘。毋庸置疑，此法可以节省我们大量的复习时间。

十、韵律记忆法

韵律记忆法是指把我们记忆的单词转化成歌谣、顺口溜等形式，这样朗朗上口的顺口溜可以大幅提高我们的记忆效率。由于这样的韵律具有模式化的性质，因此产生的刺激效应不易被取代。心理学实验指出：对于非韵律化的文字（10个字组成无意义的句子），一般人需要背诵23遍才能记住。而对于韵律化的文字（12个字组成的无意义的句子），一般人仅需14遍就可以全部记住。

回想我们在小学学习拼音时候，老师会教我们当j、q、x三个字母和ü进行组合时，要去掉字母ü的两点。为了方便我们记忆，老师就编了一个小口诀：“j、q、x三个好兄弟，看到鱼眼要挖去。”这样一来既有节奏和很强的韵律感，又可以激起我们学习的兴趣。英语单词用这样的方法也可以起到意想不到的效果。

来看下面的两组例子：

第一组单词：book、look、cook、took

第二组单词：cat、fat、hat、vat、salt、rat

这里我们把这两组单词分别编成了两个朗朗上口的顺口溜：一个是小明学做菜的故事，还有一个是猫和老鼠的故事。下面就让我们一起欣赏一下吧！记住一定要大声、最好带有节奏地读出来才会记得更加深刻哦！

第一组单词："小明学做菜"

有一本book（书）

认真的look（看）

学会了cook（烹饪）

却被人took（拿走）

第二组单词："猫和老鼠"

有一只cat（猫）

非常的fat（肥胖）

戴一顶hat（帽子）

掉进了vat（大缸）

沾满嘴salt（盐）

喜坏了rat（老鼠）

通过这样知识性和趣味性相结合的小故事，是不是感觉印象更加深刻了呢？这种方法不仅可以帮助我们对知识进行宏观把握，还能增强我们对单词实践应用层次的掌握。

总结：通过上面的介绍，大家应该掌握了英语单词的十大记忆方法。希望大家在今后的英语学习中能够充满信心，能够举一反三并将这些方法灵活运用。相信不久你的英语能力就会上升到一个新的高度！

第二节　会计职称考试篇——增值税重要考点

初级会计职称考试作为会计行业准入性质的考试，其重要程度不言而喻。而且这些知识点纷繁复杂地分布在各个章节，如果不能做到很好地归类整理的话，这些细小的知识点将很难被记下来。笔者依据2021年的官方教材选取出几个最重要的且在日常生活中也能经常用到的知识点，利用思维导图进行了梳理，十分有助于考生高效地学习和记忆。

一、增值税视同销售

比如公司在中秋节将自产的月饼作为福利赠送给员工，就要做视同销售处理。而如果是将购进的月饼赠送给员工做福利，则不需要视同销售，也不需要缴纳增值税。

在增值税、企业所得税和会计上都有视同销售的概念。增值税上的视同销售本质为增值税抵扣进项并产生销项的链条终止，而会计上没有做销售处理。视同销售的情况有很多，这也是一个重要知识点，很多同学不能分得很清楚，下面来看看这张思维导图或许你就豁然开朗了！

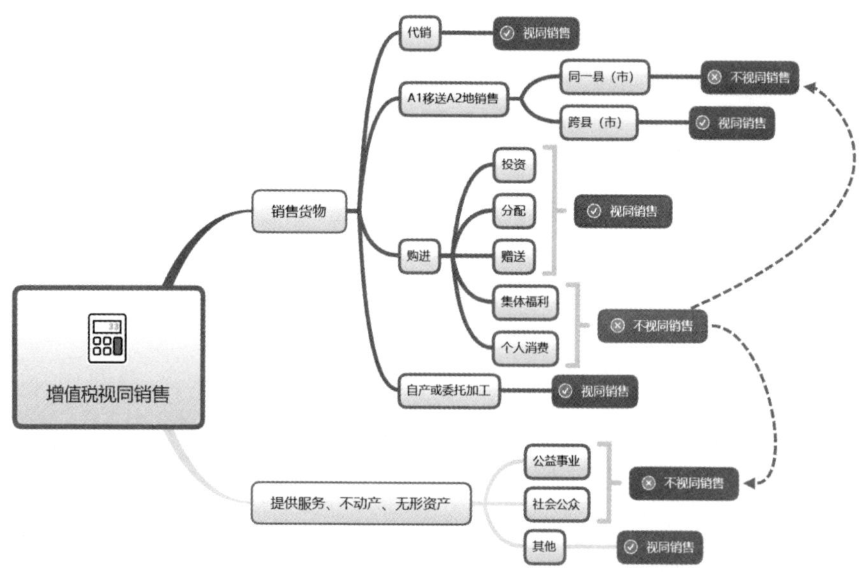

二、一般纳税人简易计税办法

一般纳税人是指年应征增值税销售额超过财政部、国家税务总局规定的小规模纳税人标准的企业和企业性单位。

简易计税方法是增值税一般纳税人，因行业的特殊性无法取得原材料或货物的增值税进项发票，按照通常方法计算增值税应纳税额后税负过高，因此对类行业采取按照简易征收率征收增值税。应交增值税的计算公式为：

应交增值税=不含税销售额×简易征收率（3%或5%）

销售额=含增值税销售额÷（1+征收率）

那么到底哪些行业可以采用这种简易计税方法呢？下面我们就一起来看看吧！

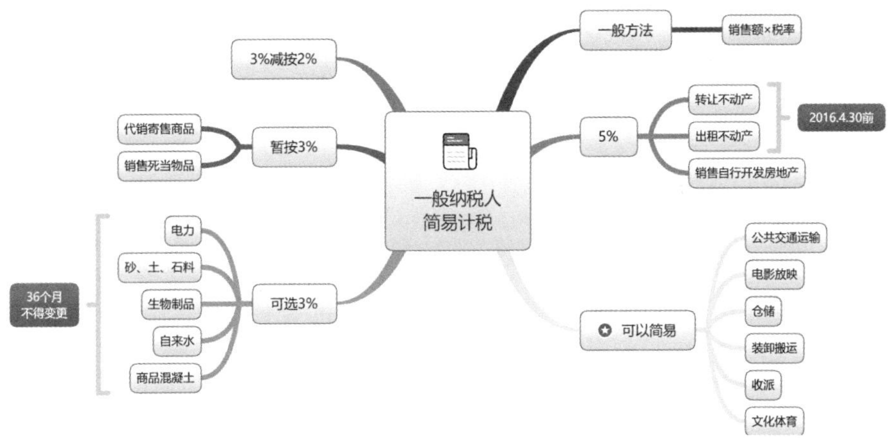

三、小规模纳税人计税办法

小规模纳税人是那些由于会计核算不健全。在销项税、进项税、应纳税额等方面无法正确核算，导致不能够按照规定来报送增值税的纳税人。那么小规模纳税人关于不同业务的计税方法和相关规定是什么呢？下面让我们一起来了解一下小规模纳税人计税的各种情况吧!

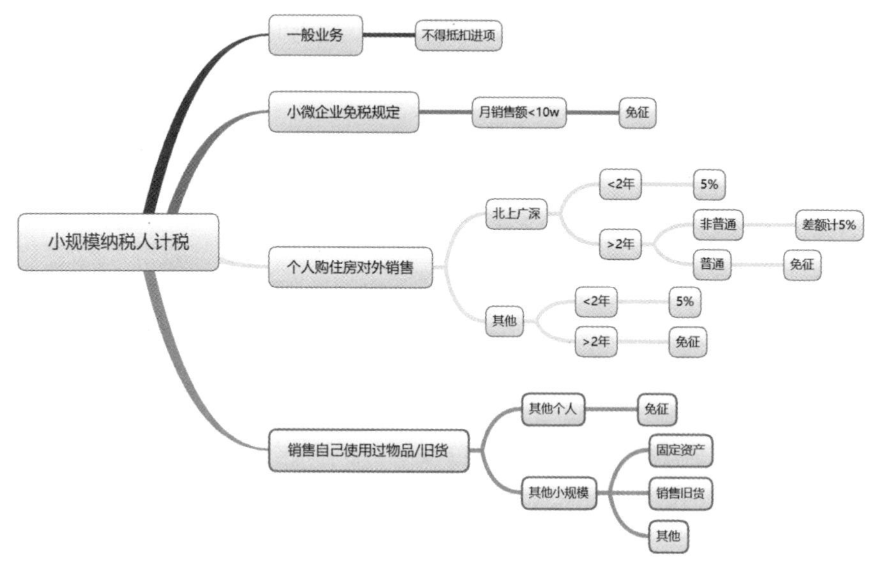

四、纳税义务发生时间

纳税义务发生时间是指税法规定的纳税人应当承担纳税义务的起始时间。

案例：小明有一家生产煤炭公司，去年小明采用分期收款方式销售了一大批煤炭。双方在合同中约定批发商每个月支付给小明200万元并一年内付清2400万元的账款。但是本月批发商由于发生财务困难，只支付了180万元给小明，于是糊涂的小明就用180万元计算了增值税。当进行纳税申报时被税务局查出了问题，你知道哪里出了问题吗?

要想了解这个问题的答案首先需要了解关于增值税纳税义务发生时间的知识，那么发生时间又该如何确定呢？下面就用一张思维导图总结一下增值税纳税义务发生时间的各种情况。

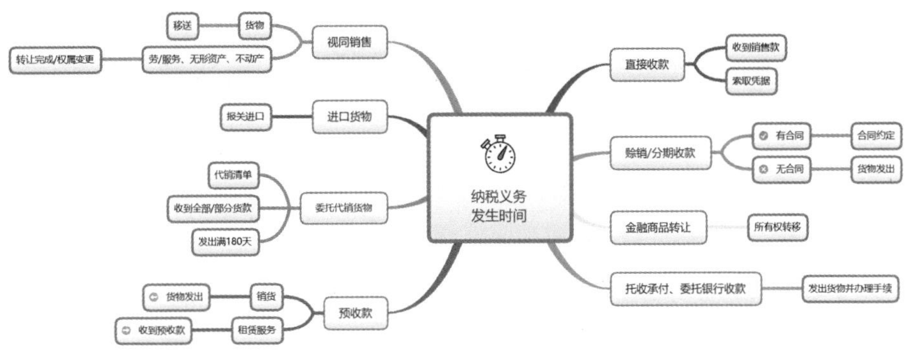

五、特殊方式核定销售额

我们知道在增值税中核定销售额是一个十分重要的环节。销售额的多少也直接决定了我们会缴纳多少的增值税。比如你家附近的商场今天正在举行“节日大促销”活动，所有商品一律八折销售。那么你作为商场的会计是应该按照原价入账还是打折后的价格入账呢？下面就让我们来看一下商业折扣、以旧换新、包装物押金的三种特殊形式下核定销售额的思维导图吧！

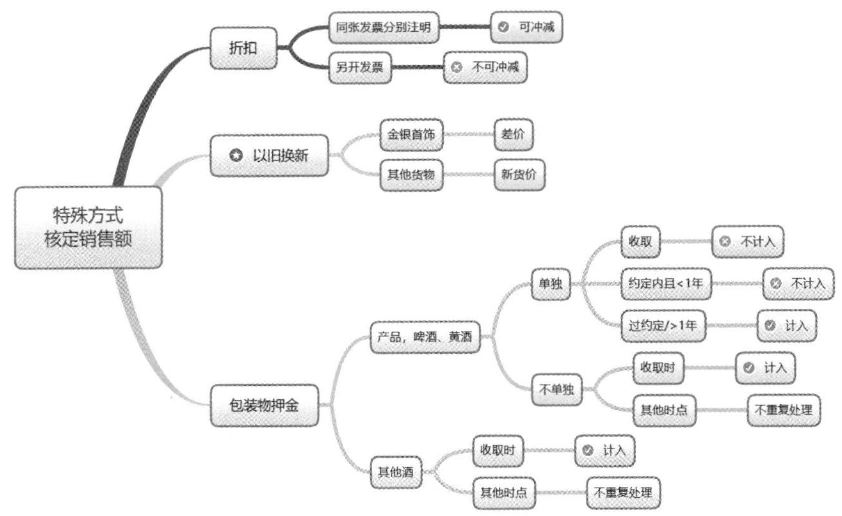

六、能否抵扣增值税进项

了解税法的朋友都知道增值税税额的计算公式是：增值税销项税额–增值税进项税额。那么增值税进项税额是不是都可以抵扣呢？什么情况下又不可以抵扣呢？这是很多同学在学习这块的时候经常容易混淆的知识点。事实上这个知识点并不难，只要同时满足下面总结的两个层次就可以了，接下来我们就通过这张思维导图一起来学习一下吧！

第三节　专业知识篇——心理学部分

心理学是一门应用非常广泛的学科，也与日常生活的许多领域——教育、健康、社会等都发生着关联。要想教育好学生，就一定要了解学生的心理。想了解消费者的需求和购买意愿，就一定要了解消费者的心理。可见，生活处处离不开心理学。

几乎每时每刻，我们的记忆系统都在进行着工作，而记忆只是人认知过程中的一环。本篇心理学部分以认知过程为主线，介绍了心理学经典流派、心理活动的神经生理机制、感觉、知觉、意识与注意、记忆几部分内容。这些内容不仅在考试中占有重要的比重，而且对于我们掌握记忆法也起到一定的帮助。因此不论对于学习心理学还是爱好记忆法的朋友，都是非常值得学习的部分。

（注：本节思维导图是以彭聃龄的《普通心理学》版本教材的部分内容为基础绘制的。）

一、心理学经典流派

刚刚入门或者对心理学感兴趣想了解心理学的小白应该从哪里入手呢？最有代表性的就要属心理学的五大经典流派了！它也是考试中的一个重要考点。由于这部分内容字数非常多，大部分同学感觉记起来没什么规律可言，很难记住其中的具体内容。接下来我们通过下面的一个题目来一起学习一下心理学的五大经典流派都是什么吧！

心理学的五大经典流派

心理学五大经典流派有构造主义、机能主义、行为主义、格式塔心理学、精神分析。

1.构造主义的代表人物是冯特和铁钦纳。

主要观点：主张心理学应该研究人们的意识，即对直接经验的觉知，强调意识的构成成分。构造主义认为构成人的心理世界的基本成分有三种：分别是感觉、表象和情感。其中感觉是知觉的元素，表象是观念的元素，情感是情绪的元素。

研究方法：实验内省法，即自己反省自己心理活动进行过程。

评价：贡献性体现在开创了现代科学心理学，并为其发展奠定了基础。局限性体现在研究内容狭窄、脱离实际；研究方法局限，内省法过于主观。

2.机能主义的代表人物是杜威和安吉尔。

主要观点：强调意识的作用和功能，反对把意识拆分为元素。主张意识是一个连续的整体，强调“意识流”和心理的适应功能。

研究方法：实验法、内省法、观察法等。

评价：贡献性体现在为行为主义心理学开辟了道路。局限性来自对其他学派或研究方法的排斥，比如对构造主义的排斥。

3.行为主义的代表人物是华生、斯金纳、班杜拉。

主要观点：华生认为，心理学家需要研究的只有那些可以被观察、预见、最终可以被科学工作者控制的行为。其基本公式是：S—R，即刺激与反应之间的联结。行为主义在心理发展上的观点是典型的环境决定论的观点。行为主义心理学发现的行为习得的规律有：经典条件反射、操作条件反射、社会观察学习。

研究方法：观察、条件反射、测验等。

评价：贡献性体现在华生所倡导的方向在美国得到广泛传播。局限性在于华生彻底否认了人的主观世界，以生理反应代替心理现象，把动物和人等同起

来，都看成是“有机的机器”。

4.格式塔心理学的代表人物是韦特海默、科勒和考夫卡。

主要观点：反对把意识分成元素，强调心理作为一个整体，一种组织的意义。他们认为，每一种心理现象都是一个格式塔，都是一个被分离的整体，整体大于部分的组合。整体不是由若干元素组合而成的。相反，整体乃先于部分而存在，并且制约着部分的性质和意义。

研究方法：实验法。

评价：格式塔心理学强调整体并不等于部分的总和，整体先于部分而存在并制约着部分的性质和意义的理论观点是正确的。此外，格式塔心理学家关于知觉、学习和思维等的研究成果至今仍反映在心理学教科书中。

5.精神分析的代表人物有弗洛伊德、荣格和阿德勒。

主要观点：行为的原因是强大的内部力量驱使和激发的，特别强调是性欲的冲动。这种力量主要来自本能，是一种潜意识。一个心理健康的人本我、自我、超我的成长都是正常的，特别是自我成长至关重要。

研究方法：催眠疗法、梦的解释、自由联想等。

历史评价：弗洛伊德对精神病学和临床心理学的影响是深远的。局限性体现在他的研究方法缺乏科学的严谨性，过度强调无意识并与意识对立起来，夸大性欲的作用则一直受到科学心理学家的批评。

看完了上面的五大经典流派总结，是不是觉得文字太多记起来比较费劲呢？下面我们用思维导图整理一下再来看看？

感觉怎么样？仔细算一下，整张思维导图只有237个字，相比于之前的1000多个字而言是不是看起来就好背了许多呢？单从内容上来说就相当于节省了5倍的内容，况且自己绘制的思维导图本身也很愿意去阅读不是吗？再加

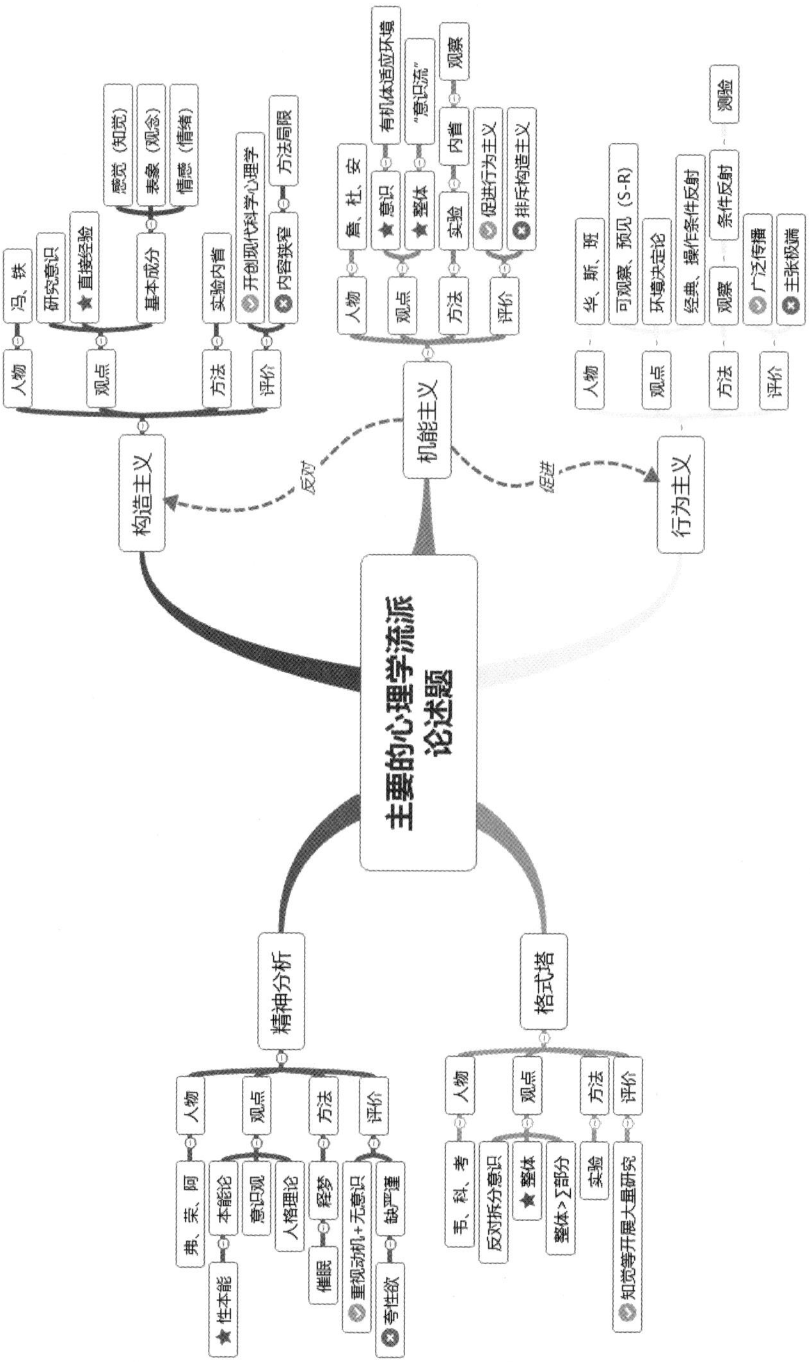

主要的心理学流派论述题

- 构造主义
  - 人物
    - 冯、铁
  - 观点
    - 研究意识
    - ★ 直接经验
    - 基本成分
      - 感觉（知觉）
      - 表象（观念）
      - 情感（情绪）
  - 方法
    - 实验内省
  - 评价
    - ✔ 开创现代科学心理学
    - ✖ 内容狭窄
      - 方法局限
- 机能主义（反对 → 构造主义；促进 → 行为主义）
  - 人物
    - 詹、杜、安
  - 观点
    - ★ 意识
      - 有机体适应环境
    - ★ 整体
      - “意识流”
  - 方法
    - 实验
      - 内省
        - 观察
  - 评价
    - ✔ 促进行为主义
    - ✖ 排斥构造主义
- 行为主义
  - 人物
    - 华、斯、班
  - 观点
    - 可观察、预见（S-R）
    - 环境决定论
    - 经典、操作条件反射
  - 方法
    - 观察
      - 条件反射
        - 测验
  - 评价
    - ✔ 广泛传播
    - ✖ 主张极端
- 精神分析
  - 人物
    - 弗、荣、阿
  - 观点
    - 本能论
      - ★ 性本能
    - 意识观
    - 人格理论
  - 方法
    - 释梦
      - 催眠
  - 评价
    - ✔ 重视动机+无意识
    - 缺严谨
      - ✖ 夸性欲
- 格式塔
  - 人物
    - 韦、科、考
  - 观点
    - 反对拆分意识
    - ★ 整体
    - 整体>∑部分
  - 方法
    - 实验
  - 评价
    - ✔ 知觉等开展大量研究

上思维导图中的线条和符号本身又非常符合我们大脑记忆的认知特点。这样简单一算，说记忆效率提升了10倍也就一点也不夸张了！

二、心理活动的神经生理机制

本章讲述了心理活动的神经生理基础，在这一章里，你可以了解到心理活动的发出者——“大脑”的奥秘。例如脑的组成成分、脑的功能和脑功能学说等。通过本章的学习还可以让爱好心理学的朋友对我们大脑的神经生理机制有一个初步的认识。

三、感觉

感觉是指人脑对直接作用于感觉器官的客观事物个别属性的反映。感觉作为认知过程中的起始环节，虽然简单，但能使我们获得正常生存的必要信息。我们能看到五彩缤纷的世界、尝遍天下美食都离不开我们的感觉。例如，我们能看到一个柚子的颜色、品尝到柚子甜甜的味道，这都属于感觉。本张思维导图将从感觉测量、视觉、听觉、其他感觉四个部分来描述，清晰地展示出各种感觉间的联系以及它们对应的感受器。

四、知觉

知觉是指人脑对直接作用于感觉器官的客观事物整体的反映。它和感觉最大的区别在于一个是对个别属性的反映，一个是对整体属性的反映。比如我们在蒙着眼睛的情况下品尝食物，先通过外在感觉的作用感知冷热、气味、口感等，最终确定究竟是哪一种食物便是知觉的作用。

此外，知觉的特性也是本章重要的内容之一。比如我们乘坐摩天轮看下

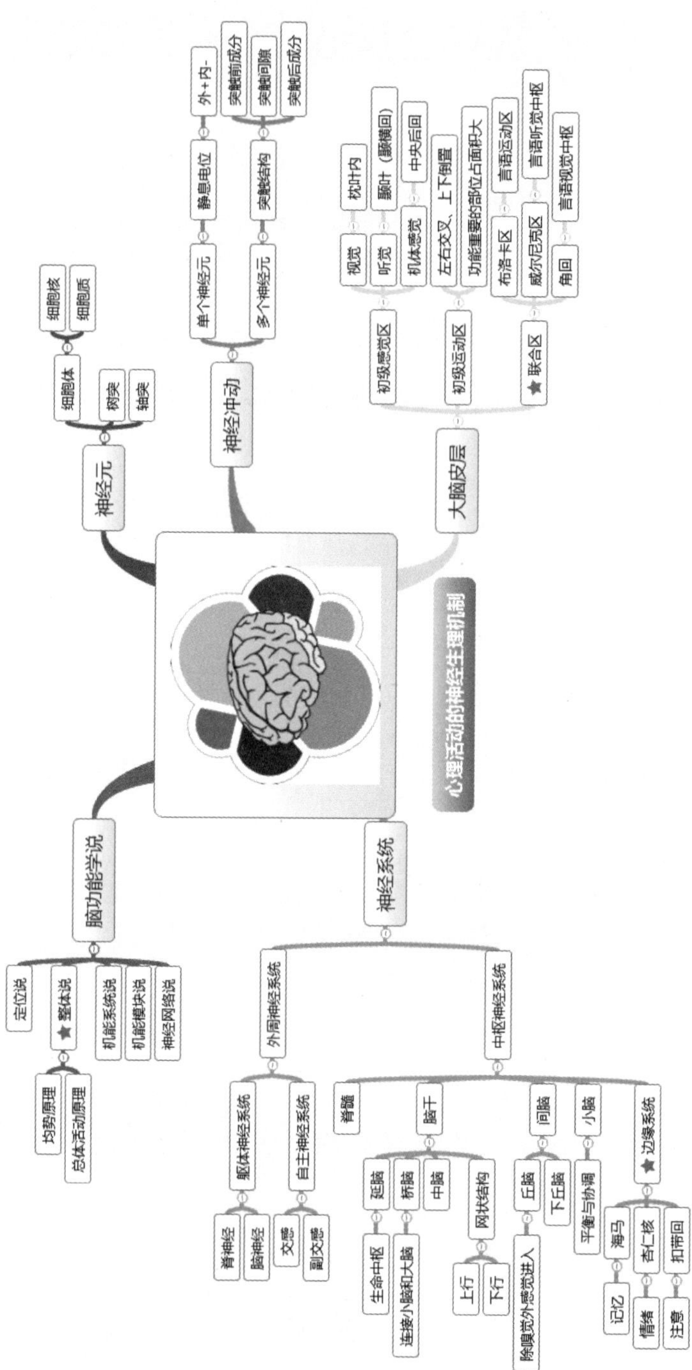
心理活动的神经生理机制
神经元
细胞体
细胞核
细胞质
树突
轴突
神经冲动
单个神经元
静息电位
外+内-
多个神经元
突触结构
突触前成分
突触间隙
突触后成分
大脑皮层
初级感觉区
视觉
枕叶内
听觉
颞叶（颞横回）
机体感觉
中央后回
初级运动区
左右交叉、上下倒置
功能重要的部位占面积大
★联合区
布洛卡区
言语运动区
威尔尼克区
言语听觉中枢
角回
言语视觉中枢
神经系统
中枢神经系统
脊髓
脑干
延脑
生命中枢
桥脑
连接小脑和大脑
中脑
网状结构
上行
下行
间脑
丘脑
除嗅觉外感觉进入
下丘脑
小脑
平衡与协调
★边缘系统
海马
记忆
杏仁核
情绪
扣带回
注意
外周神经系统
躯体神经系统
脊神经
脑神经
自主神经系统
交感
副交感
脑功能学说
定位说
★整体说
均势原理
总体活动原理
机能系统说
机能模块说
神经网络说

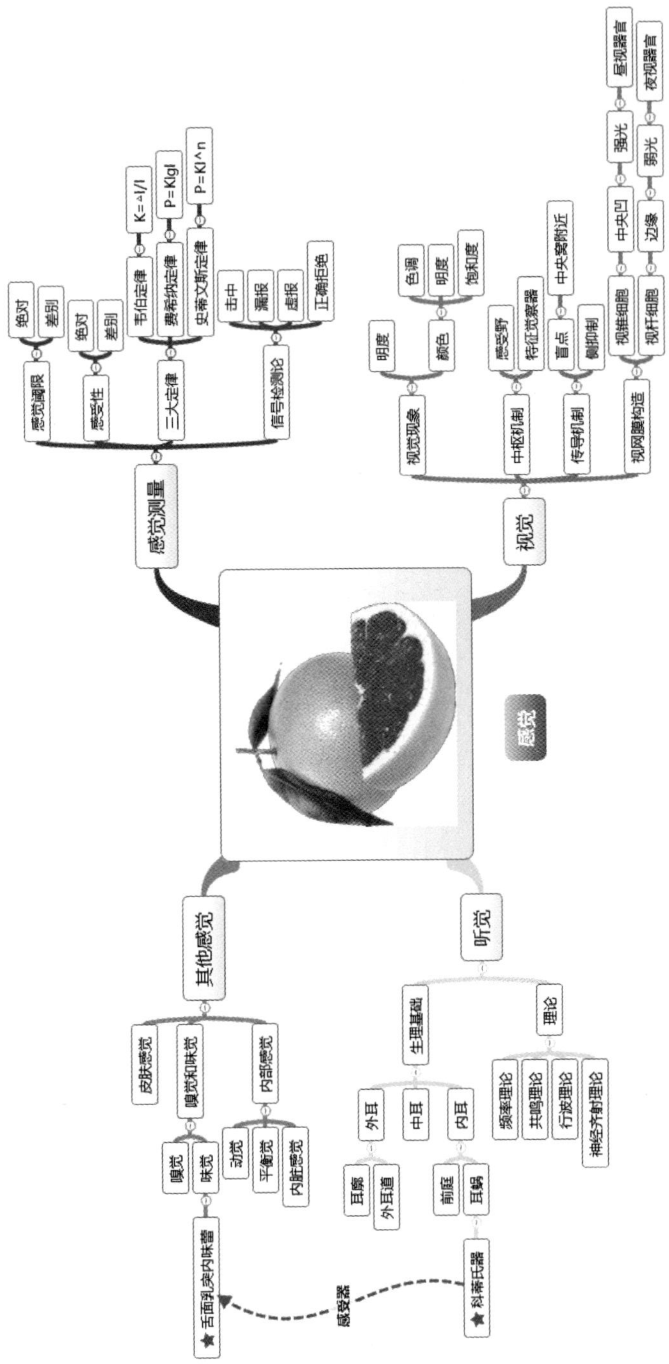

感觉

- 感觉测量
  - 感觉阈限
    - 绝对
    - 差别
  - 感受性
    - 绝对
    - 差别
  - 三大定律
    - 韦伯定律 — K=△I/I
    - 费希纳定律 — P=KlgI
    - 史蒂文斯定律 — P=KI^n
  - 信号检测论
    - 击中
    - 漏报
    - 虚报
    - 正确拒绝
- 视觉
  - 视觉现象
    - 明度
    - 颜色
      - 色调
      - 明度
      - 饱和度
  - 中枢机制
    - 感受野
    - 特征觉察器
  - 传导机制
    - 盲点 — 中央窝附近
    - 侧抑制
  - 视网膜构造
    - 视锥细胞 — 中央凹 — 强光 — 昼视器官
    - 视杆细胞 — 边缘 — 弱光 — 夜视器官
- 其他感觉
  - 皮肤感觉
  - 嗅觉和味觉
    - 嗅觉
    - 味觉 — ★舌面乳突内味蕾
  - 内部感觉
    - 动觉
    - 平衡觉
    - 内脏感觉
- 听觉
  - 生理基础
    - 外耳
      - 耳廓
      - 外耳道
    - 中耳
    - 内耳
      - 前庭
      - 耳蜗 — ★科蒂氏器
  - 理论
    - 频率理论
    - 共鸣理论
    - 行波理论
    - 神经齐射理论

★科蒂氏器 --感受器--> ★舌面乳突内味蕾

面的人就像“芝麻粒”那么大，但我们依然会认为人还是那么大，这便是知觉的恒常性。

本张思维导图将从知觉概述、知觉的四大特性、知觉的五大种类以及对物体歪曲的知觉——错觉进行描述。

五、意识与注意

意识是心理的过程和属性。注意则指的是心理活动或意识活动对一定对象的指向和集中。我们知道意识和注意密不可分，当我们处于注意状态时意识内容比较清晰。前面提到过外面五彩缤纷的世界需要感觉，而这些感觉也只有其中的一小部分进入我们的记忆，大部分都不会在大脑中留下任何痕迹。那些经常做记忆训练的人，他们的专注力得到了提高，对周围的环境要求也更高。

本张思维导图从意识和注意的基本概念、注意的功能、注意的分类、注意的品质和注意的认知理论方面进行了描述。

六、记忆

记忆在一个人的心理活动当中起着至关重要的作用。记忆这一章中很多的知识在前面已经提到过了。通过本张思维导图可以再来复习并系统地了解一下记忆这一章的相关内容。

本章思维导图将记忆分成了四个大类：感觉记忆、短时记忆、长时记忆、工作记忆，并将感觉记忆、短时记忆、长时记忆从编码、特征、影响因素和提取等角度进行详细描述。

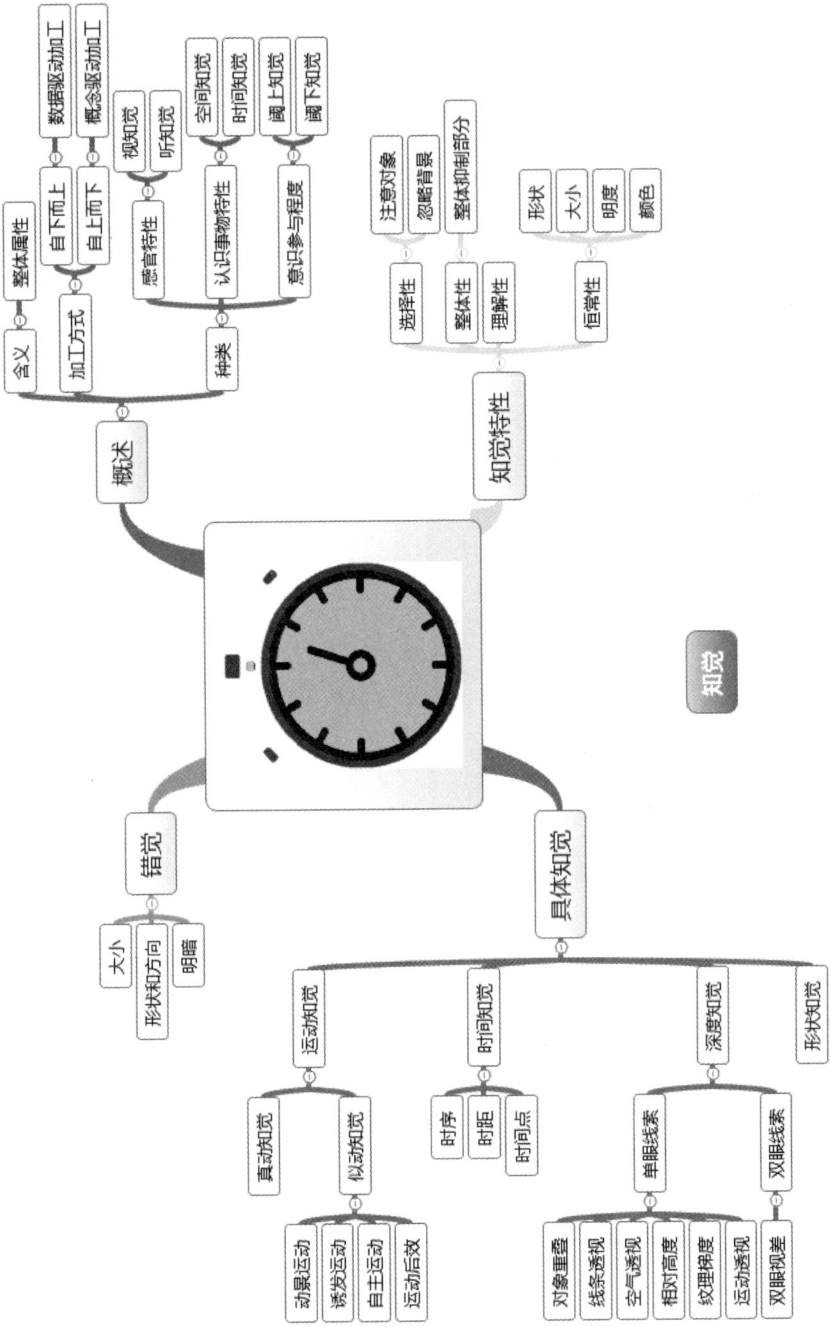

- 知觉
  - 概述
    - 含义
      - 整体属性
    - 加工方式
      - 自下而上
        - 数据驱动加工
      - 自上而下
        - 概念驱动加工
    - 种类
      - 感官特性
        - 视知觉
        - 听知觉
      - 认识事物特性
        - 空间知觉
        - 时间知觉
      - 意识参与程度
        - 阈上知觉
        - 阈下知觉
  - 知觉特性
    - 选择性
      - 注意对象
      - 忽略背景
    - 整体性
      - 整体抑制部分
    - 理解性
    - 恒常性
      - 形状
      - 大小
      - 明度
      - 颜色
  - 具体知觉
    - 运动知觉
      - 真动知觉
      - 似动知觉
        - 动景运动
        - 诱发运动
        - 自主运动
        - 运动后效
    - 时间知觉
      - 时序
      - 时距
      - 时间点
    - 深度知觉
      - 单眼线索
        - 对象重叠
        - 线条透视
        - 空气透视
        - 相对高度
        - 纹理梯度
        - 运动透视
      - 双眼线索
        - 双眼视差
    - 形状知觉
  - 错觉
    - 大小
    - 形状和方向
    - 明暗

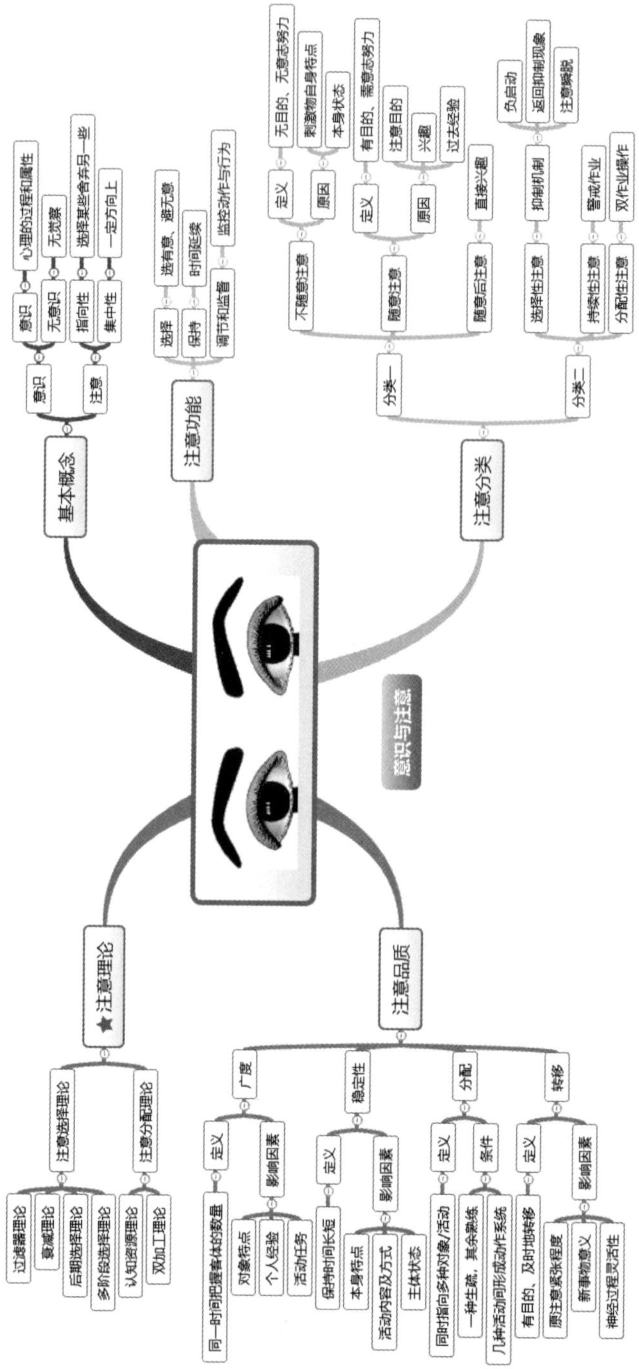

意识与注意
基本概念
意识
意识
心理的过程和属性
无意识
无觉察
注意
指向性
选择某些舍弃另一些
集中性
一定方向上
注意功能
选择
选有意、避无意
保持
时间延续
调节和监督
监控动作与行为
注意分类
分类一
不随意注意
定义
无目的、无意志努力
原因
刺激物自身特点
本身状态
随意注意
定义
有目的、需意志努力
原因
注意目的
兴趣
过去经验
随意后注意
直接兴趣
分类二
选择性注意
抑制机制
负启动
返回抑制现象
注意瞬脱
持续性注意
警戒作业
分配性注意
双作业操作
★注意理论
注意选择理论
过滤器理论
衰减理论
后期选择理论
多阶段选择理论
注意分配理论
认知资源理论
双加工理论
注意品质
广度
定义
同一时间把握客体的数量
影响因素
对象特点
个人经验
活动任务
稳定性
定义
保持时间长短
影响因素
本身特点
活动内容及方式
主体状态
分配
定义
同时指向多种对象/活动
条件
一种生疏，其余熟练
几种活动间形成动作系统
转移
定义
有目的、及时地转移
影响因素
原注意紧张程度
新事物意义
神经过程灵活性

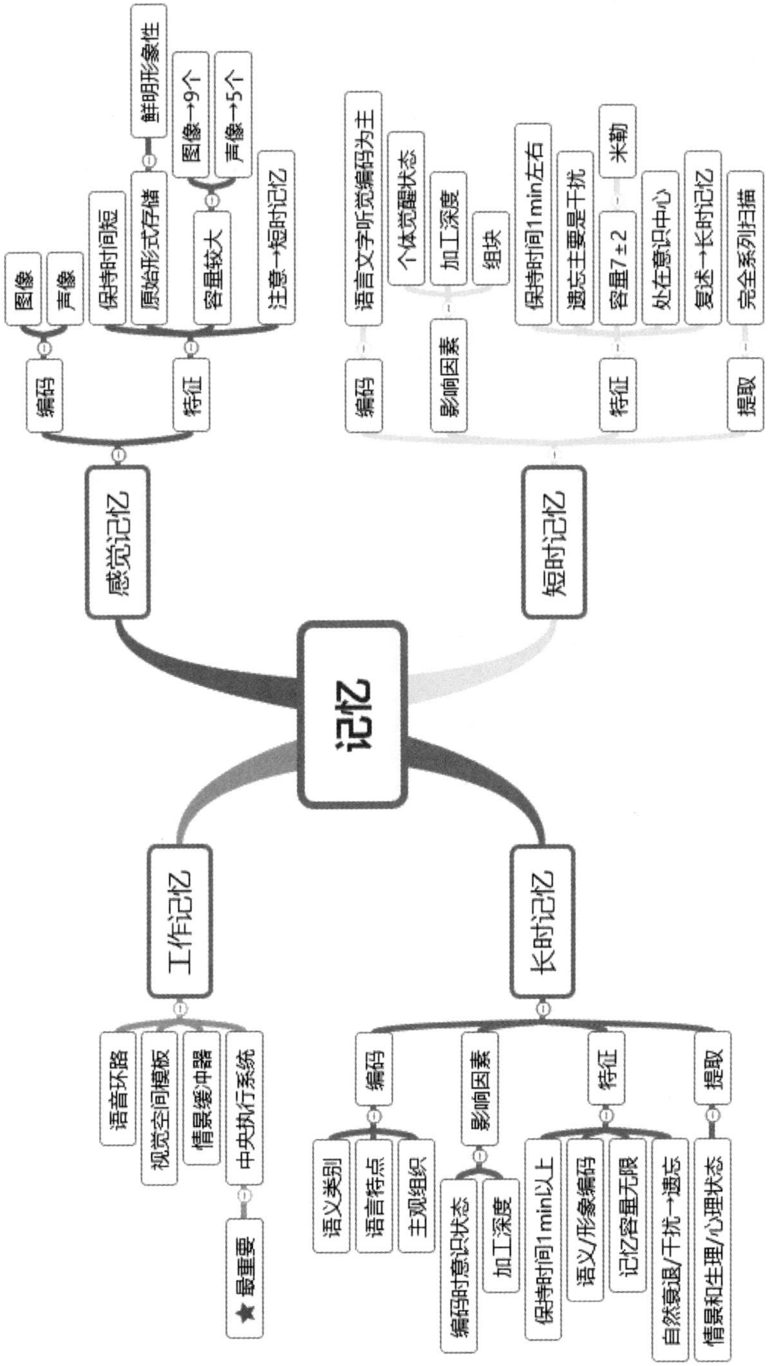

记忆

- 感觉记忆
  - 编码
    - 图像
    - 声像
  - 特征
    - 保持时间短
    - 原始形式存储
      - 鲜明形象性
    - 容量较大
      - 图像→9个
      - 声像→5个
    - 注意→短时记忆
- 短时记忆
  - 编码
    - 语言文字听觉编码为主
  - 影响因素
    - 个体觉醒状态
    - 加工深度
    - 组块
  - 特征
    - 保持时间1 min左右
    - 遗忘主要是干扰
    - 容量7±2
      - 米勒
    - 处在意识中心
    - 复述→长时记忆
  - 提取
    - 完全系列扫描
- 工作记忆
  - 语音环路
  - 视觉空间模板
  - 情景缓冲器
  - 中央执行系统
    - ★ 最重要
- 长时记忆
  - 编码
    - 语义类别
    - 语言特点
    - 主观组织
  - 影响因素
    - 编码时意识状态
    - 加工深度
  - 特征
    - 保持时间1 min以上
    - 语义/形象编码
    - 记忆容量无限
    - 自然衰退/干扰→遗忘
  - 提取
    - 情景和生理/心理状态

写在最后的话

拥有一个能记忆任何知识的大脑是每个人梦寐以求的梦想，有些人为了这个梦想追寻探究，有些人望而却步。结果就是追梦的人成为了别人眼中的“天才”！望而却步的人只留下了满心的遗憾！

经过几年的摸索学习和整整7个月的封闭训练，我脱胎换骨，顺利拿下了亚洲记忆大师、环球记忆大师、世界记忆大师三大荣誉称号！我的经历向大家证明了一个事实：我们的大脑能力远远超乎我们的想象！一个平凡人也可以拥有不平凡的大脑！

总结起来有如下几点：

一、科学方法

自己摸索永远都是在黑暗中寻找光明，渺茫又无助。所以我从2015年开始拜师学艺，带着成为“记忆大师”“最强大脑”的目标，寻找记忆大师，跟他们学习最先进的记忆方法和技巧。因此我才能少走弯路，尽快实现梦想。

二、兴趣引导

兴趣是最好的老师，为了让自己一直保持着对记忆的浓厚兴趣，我始终梦想着有一天自己也能站到舞台上展示自己。在跟“大师们”学习的过程中，我还阅读了很多书籍，了解不同作者对记忆的不同见解。同时还尝试记忆很多有挑战难度的内容，增强自己的成就感。比如圆周率、万年历、古诗词……记完之后再不断地展示给别人看，以此来激励自己更加努力挑战新项目。

三、刻意练习

学会了方法以后，一定要不断地去刻意练习，通过练习去提升能力。我们的最终目的不是浅尝辄止，而是终身受益。就好像学开车，教练教完了开

车的技巧，如果自己不亲自坐到驾驶位上试一试，永远不敢启动不敢上路，也就永远谈不上会开车。记忆力训练，如果只是看看书，听听课，自己不实践，不去切身体会记忆的过程，遇到记忆内容的时候还是会记不住。

四、持之以恒

做任何事情都需要坚持，半途而废是成功不了的。有些人一开始对记忆热情满满，情绪高涨，可是坚持一段时间后发现自己没有进步，或者进步太小就放弃了，那么最终只能与“最强大脑”擦肩而过。

在集中训练的7个月时间里，我也遇到过瓶颈期、没有进步、焦虑、怀疑自己能力……这些问题都是我学习过程中的绊脚石，如果当初我因为这些放弃了，那么我就是芸芸众生中的一粒尘埃。但是我坚持下来了，并且成功了，我就成为了一颗闪耀的明星。一念之差，两种结局。每个人都向往美好，那么为了实现美好去多坚持一下又有何难?

五、成就梦想

从事脑力运动推广的这几年来，见证了太多人为了自己的梦想努力，为了高效使用大脑不断突破自己、挑战自我的执着；也见证了，越来越优秀的脑力选手和爱好者们参与到推广和普及脑力运动这项事业中来。赵宽是一位优秀的脑力训练践行者，在他身上看到了对于知识的认真和执着！这一次和赵宽一起，将我们各自擅长的大脑训练理论和实践结合起来，整理成记忆法学习系统，推荐给更多人学习。

记忆法是方法也是工具，是促进我们高效学习的法宝。掌握它，让我们的记忆事半功倍；运用它，让我们的学习生活充满乐趣。希望大家能够将本书中介绍的40种记忆方法融会贯通，学有所成！我们的共同目标是：让更多的“中华儿女”享受高效记忆带给自己的成就感和幸福感！

李连芬

后　记

恭喜您已经阅读完《高效学习的40种超级记忆法》，希望大家今后能将这些方法应用到工作、学习、生活的方方面面。

从最开始接触记忆法到今天这本书的撰写过去了整整八年的时间。我曾经不远千里向行业里的前辈们请教，大学期间参加过的多场赛事也不忘跟来自不同地区不同行业的记忆高手们进行交流和学习，非常感谢他们。

在编写此书的过程中我也始终秉持记忆法“化繁为简”原则，并将经过多年研究的记忆法和理论成功地结合，这也是我一直以来的心愿。我的目标是把“记忆法”这种神奇的工具发扬光大，让更多的人掌握并了解记忆法，参与到脑力运动中来。

赵宽

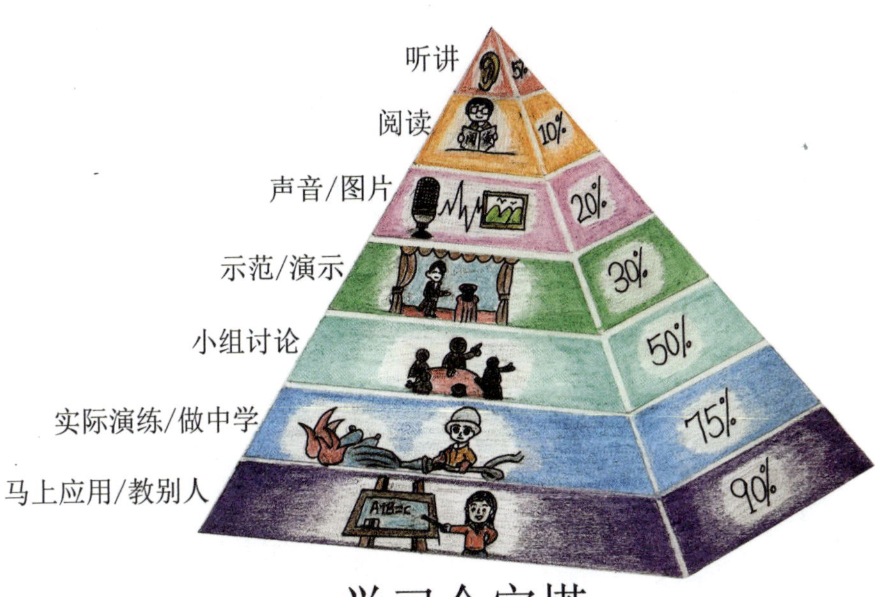

学习金字塔

彩插 1

彩插 2

付松婷　绘制

（1）　（2）

（3）　（4）

彩插3（1）（2）（3）（4）

彩插4

彩插 5

彩插 6

彩插 7

彩插 8